HAIR SETTING

First edition

헤어세팅

이론 및 실습

곽형심

청구문화사

머 리 말

미용인이 갖추어야 할 인성과 직업의식을 바탕으로 실기 능력의 기초를 다지고 전문 미용인으로서의 성장을 위해 미용지식과 미용 실기 능력의 향상을 도모하는 것은 대학의 미용교육에 있어 가장 중요한 과제이다.

본 교재는 모발에 대한 과학적인 이해를 바탕으로 모발의 컬과 웨이브의 원리를 이해하고 개인의 이미지 연출 및 헤어 창작을 위한 헤어스타일의 마지막 완성 단계로서 미용 시술에 사용되는 세트 롤러, 블로우 드라이, 헤어 아이론 등을 이용한 미용 기법을 습득하도록 구성하였다.

오랜 기간의 숙련이 필요하고 개인의 감각과 노력이 요구되는 미용 기술을 잘 이해하고 발전시킬 수 있도록 필요한 교육내용을 정리하였고 학생 개인의 시술 내용을 교과서에 기록하여 스스로 응용할 수 있도록 하였다.

본 교재가 학생들의 실기 능력 향상에 도움이 되었으면 하는 바램이며, 최선을 다하였으나 정리를 끝내고 보니 미흡한 부분들이 많음을 실감하여 향후 지속적인 연구와 노력을 통해 수정하고 보완해 나갈 것을 다짐한다.

끝으로 본 교재가 출간될 수 있도록 각별한 애정으로 격려해 주신 모든 분들과 편집과 출판을 맡아 수고해 주신 청구문화사 임직원 여러분들께 진심으로 깊은 감사를 드린다.

2008년 12월

저자 씀

목 차

제1장 모발의 이해

제2장 헤어 디자인

제3장 헤어세팅의 이해

제4장 헤어세팅의 실제

제5장 브로우 드라이

제6장 헤어 아이론

제1장
모발의 이해

제1장 모발의 이해

1. 모발의 개요

피부는 표피, 진피, 피하지방으로 이루어져 있으며, 모발은 특수한 섬유상 각화단백질(keratin)의 한 형태로서 피부의 표피층이 진피층 깊숙이 함몰되어 발생된 모낭안에서 모모세포의 분열을 통해 각화과정을 거치면서 성장하여 간다.

1) 모발의 보호기능

① 외부의 물리적 충격으로부터 완충작용을 한다.
② 추위와 직사광선, 마찰 등의 자연환경으로부터 인체를 보호해 준다.
③ 먼지, 중금속 등의 외부오염물질로부터 인체를 보호한다.
④ 미생물의 번식을 막고 벌레 등이 인체 내부로 들어오는 것을 막아준다.

2) 모발의 장식기능

① 외모를 아름답게 꾸며주는 장식적인 측면에서 모발의 기능이 점차 비중을

더 하고 있지만 헤어스타일을 다양하게 꾸며낸다 할 지라도 모발 본래의 보호기능을 간과해서는 안 된다.

② 장식적인 면에서 아름다움을 돋보이게 하기 위해서는 헤어 디자인의 재료인 모발과 두피의 건강이 매우 중요하기 때문에 모발과 두피의 구조와 특성을 파악하고 상태에 따른 모발과 두피의 건강관리는 미용관리에 있어서 매우 중요하다.

3) 모발의 종류

모낭의 형태와 모모세포에서 세포분열이 일어나 모발을 생성할 때 그 세포분열 속도의 차이에 의해 형태가 변하여 직모가 되기도 하고 곱슬머리가 되기도 한다. 직모일 경우 세포분열 속도가 일정한 반면 곱슬머리의 경우 머리카락 단면도에서 작은 쪽의 직경에 있는 세포분열의 속도가 큰 쪽의 직경에 있는 세포분열의 속도보다 느리기 때문에 파상(wave)이 생기게 된다.

그림 1-1. 모발의 종류

① 굵고 직모인 황인종의 모발

② 가늘고 웨이브가 있는 백인종의 모발

③ 매우 가늘고 거의 헝클어진 듯한 강한 곱슬머리인 흑인종의 모발

4) 모발의 수

두피 1cm² 위에 약 50~150개 정도의 머리카락이 밀집되어 있다.

① 금발은 13만개에서 15만개 정도

② 갈색모발은 10만에서 12만 정도

③ 흑색모발은 10만개 정도

④ 적색모발은 8만개에서 9만개 정도

5) 모발의 직경

나이와 인종에 따라 0.05mm~0.12mm로 다양하다. 영·유아기에는 매우 가늘고 약하며 성인이 되면서 굵어졌다가 늙어 갈수록 가늘어진다. 하루에 약 0.4mm(1개월에 1~1.5cm)씩 자라며 모발의 신체에서의 지속기간은 2~6년 정도이다.

2. 모발의 발생

표피층이 함몰되어 만들어진 모낭(follicle)이 발달한 후 정상적인 모발 상태의 유지를 위해 필수적인 유분을 분비하는 피지선이 형성되며, 모낭과 피지선이 형성된 다음 표피밑층과 모낭 벽에 붙어 있는 기모근(arrector pili muscle)이 형성된다.

마지막으로 모발의 유일한 진피 구성요소인 모유두(papilla)가 모낭 하부에 형성되는데, 모세혈관으로부터 산소와 영양을 공급받아 자율신경의 작업 명령을 받은 단백질 합성효소의 역할로 모모세포(keratinocyte)의 세포분열에 의해 새로운 모발을 생성한다.

이들은 성장에 의한 압력에 의하여 모공의 방향에 따라 위로 향하여 뻗어 나아가며, 모모세포의 분열이 일어나는 영역에 따라 각기 다른 형태의 각화 과정을 겪게 된다.

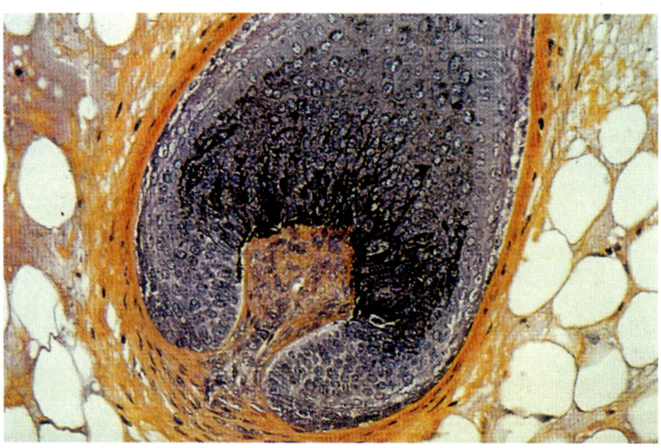

그림 1-2. 모발의 발생

3. 모발의 성장주기

모발은 두피에 약 12만개 정도가 솟아 있는데 한꺼번에 빠져 버리는 것이 아니라 각각의 성장주기에 따라 하루에 약 50~80개 정도가 탈락된다. 모발이 발생하여 성장하고 두피로부터 탈락되는 주기는 크게 3단계로 나누어진다.

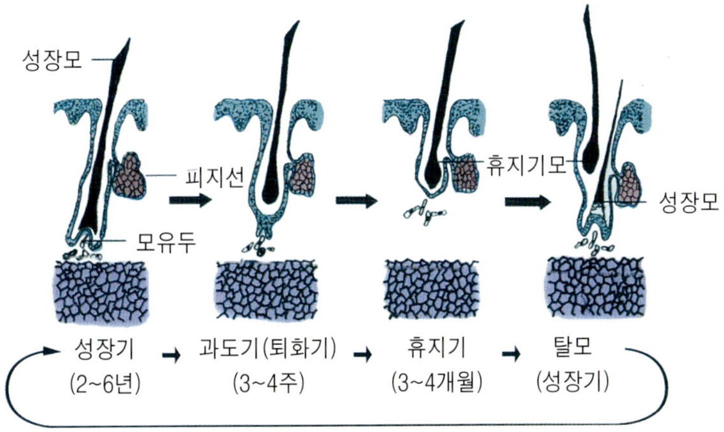

그림 1-3. 모발의 성장주기

1) 아나겐(Anagen, 성장기)

모발이 생성되고 성장하는 단계로서 모유두에서 모세혈관으로부터 영양분과 산소를 공급 받아 모모세포 분열이 왕성하게 되고 완만한 속도로 모낭안에서 각화되면서 두피 위로 향하여 밀려 올라온다.

멜라닌 색소 세포는 케라틴 세포들 속에서 발견되며 모발에 자연색을 갖게 한다. 전체 모발의 85% 정도가 2~6년간 지속되는 성장기의 단계에 있다.

2) 카타겐(Catagen, 과도기)

모근이 파괴되며 상피막이 수축되고 혈액공급이 중단되어 모모세포의 분열이 점점 쇠퇴하는 시기로 전체 모발의 1% 정도가 3~4주간 지속되는 퇴화기의 단계에 있다.

3) 텔로겐(Telogen, 휴지기)

세포분열이 중단되고 모구가 모유두에서 완전히 분리되어 자연스럽게 빠지는 시기로 전체 모발의 14%가 3~4개월간 지속되는 휴지기의 단계에 있다. 모낭에 머물고 있던 휴지기의 모발은 피지분비, 빗질, 샴푸 등에 의해 빠지거나 새로운 모발에 의해 밀려 탈락하게 된다.

휴지기 동안에 같은 모낭의 모유두에서는 새로운 모발성장의 단계가 시작되는데 이 시기를 뉴-아나겐(New Anagen) 단계라고 한다.

4. 모발의 구조

1) 모근부

① 모유두(Papilla) : 모모세포에 산소와 영양공급

② 모세혈관(Capillary vessel) : 모유두에 영양공급

③ 자율신경(Autonomic nerve) : 단백질 합성효소에 작업 명령 전달

④ 모구(Bulb) : 모모세포(keratinocyte)와 멜라닌세포(melanocyte)로 구성

⑤ 모낭(Hair follicle) : 모근 부위를 감싸고 있는 세포층

⑥ 내모낭초/ 외모낭초(Inner follicle sheath/ Outer follicle sheath) : 모낭과 모표피 층 사이에 존재 하는 세포층

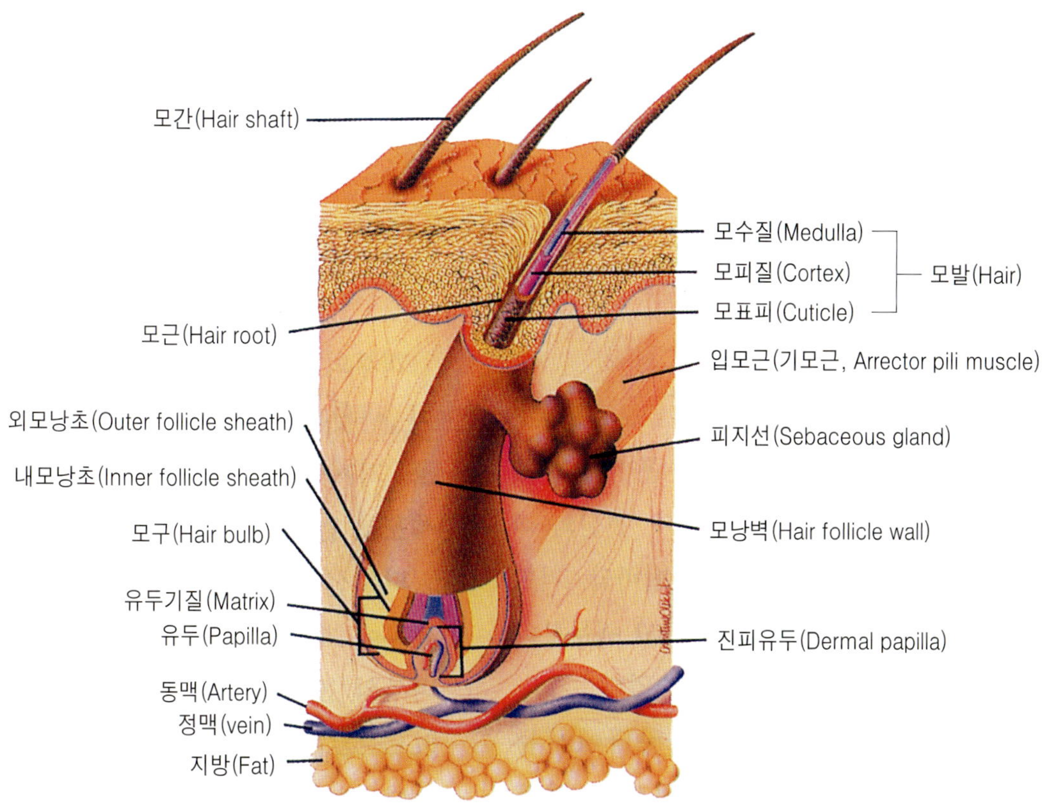

그림 1-4. 모근부의 구조

⑦ 피지선(Sebaceous glands) : 분비된 피지는 두피와 모발의 보습과 광택부여
⑧ 한선(Sudoriferous glands) : 땀을 분비
⑩ 입모근(기모근, Arrector pili muscle) : 온도의 변화, 긴장, 충격 시 털 수축

2) 모간부

(1) 모표피(Cuticle)

모발의 가장 바깥층을 감싸는 얇은 막으로 편평무핵의 반투명한 세포가 여러 겹으로 겹쳐져 기와장 모양으로 늘어져 있으며, 친유성으로 물과 약제의 침투와 작용에 대한 저항력이 있고 외적인 영향으로부터 모피질을 보호하고 광택과 윤기를 준다.

머리카락 한 올의 10~15%를 차지하며, 모표피가 화학적, 물리적, 환경적인 원인들에 의하여 손상되면 모피질에 영향을 주어 머리카락이 손상된다.

(2) 모피질(Cortex)

모발의 길이 방향으로 불규칙하게 나열되어 있고 피질세포와 세포간 결합물질로 구성되어 있다. 멜라닌색소를 많이 함유하고 있으며, 친수성이고 펌제나 염모제 등 화학약품의 작용을 받아 미용시술에 의해 머리카락의 변형이 이루어지는 곳이다.

머리카락 한 올의 85~90%를 차지하고 있는 세포층으로 중앙에 핵의 잔사가 있고, 모발의 성질을 나타내는 가장 중요한 부분으로 탄력, 강도, 감촉, 질감, 색상을 좌우한다.

(3) 모수질(medulla)

모발의 중심부에 있으며 속이 비어 있고 죽어 있는 세포들이 모발의 길이 방향으로 쌓여 있다.

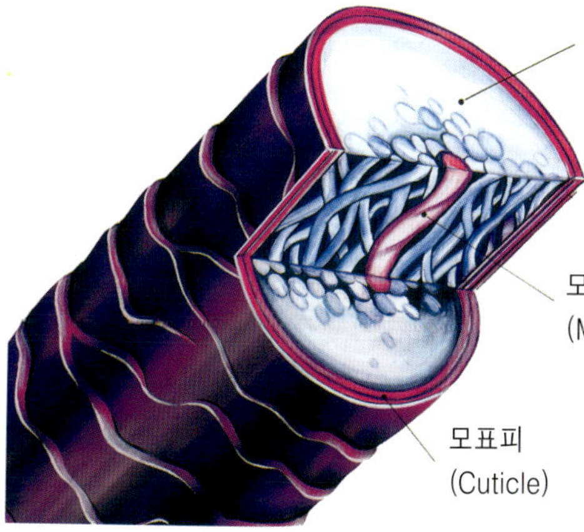

그림 1-5. 모간부의 3층 구조

한랭지 서식의 동물에는 털의 약 50%를 차지하여 보온의 역할을 하지만 가는 모발과 갓난아이의 모발에는 거의 모수질이 없는 것으로 보이며, 솜털에는 모수질이 없다.

5. 모발의 구성성분

1) 케라틴(Keratin)

모발의 80~90%가 케라틴이라는 단백질로 구성되어 있다. 20여종의 아미노산이 무수한 조합으로 결합하여 여러 종류의 단백질이 만들어지는데 케라틴은 18종의 아미노산으로 구성되어 있다. 특히 시스틴을 많이 함유하고 있으며 아미노산이 펩티드(peptide) 결합이 되어 폴리펩티드(polypeptide)가 되고 이 폴리펩티드가 연결되어 케라틴으로 된다.

케라틴은 부패되지 않으며, 여러 가지 화학약품에 대하여 저항력이 있을 뿐만 아니라 물리적인 강도도 강하고 탄력성이 있다.

따라서 모발의 생장에 있어 가장 중요한 것은 아미노산으로 식물성 단백질과 동물성 단백질의 섭취가 필요하며 모발의 생장에는 비타민과 미네랄 등의 영양소도 필요하므로 균형 있고 조화로운 양분 섭취가 필수적이다.

2) 기타 성분

① 머리카락의 색을 결정하는 멜라닌 색소(3% 이하)

② 피질세포에 포함된 성분성 지질과 피지선에서 분비된 지방성 지질(1~8%)

③ 음식, 의약품, 독성물질 등을 통해 인체에 유입되어 혈액순환에 의해 모낭의 기저층에서 공급되어 모간의 구성성분에 포함되거나 모발화장품, 환경오염 등에 의해 머리카락에 직접 유입된 칼슘, 카드뮴, 크롬, 구리, 수은, 아연, 납, 철, 비소, 규소 등 미량원소(0.6~1%)

④ 수분(10~15%)

6. 모발의 물리적 특성

1) 모발의 흡습성

모발은 친수성을 갖고 있기 때문에 수분을 흡수하는 성질이 크고 보통 상태의 공기 중에서도 10~15%의 수분을 포함하고 있다. 샴푸 직후에는 약 30%, 브로우 드라이어로 건조한 후에는 10% 전후의 물을 흡착하고 있다.

(1) 온도와 습도의 영향

모발을 공기 중에 방치하면 수분을 흡수 또는 방출하고 온도에 의해 영향을 받는다. 기온이 높고 공기가 건조할 때에 세탁물이 빨리 마르는 것처럼 흡수량은 같은 온도라도 습도가 높아지면 증가하고, 같은 습도라도 온도가 높아지면 감소한다.

온도보다 습도의 영향이 더 크므로 모발의 수분함량을 비교할 경우에는, 동일온도와 습도에서의 수분량을 측정하여야 하며, 일반적으로 습도 65%, 온도 25℃를 표준상태로 수분율을 나타낸다.

(2) 모발구조와 흡착현상

수분을 흡수하면 모발의 직경은 10~15%, 길이는 0.5~2% 정도 증가되며, 표면의 물을 닦아내도 내부에 물을 흡수하고 있기 때문에 원래의 무게보다 30~40% 정도 증가 된다. 그러나 건조하면 내부의 수분도 밖으로 나와 원래의 무게로 돌아가기 때문에 수분이 화학적으로 모발을 변화시키는 것이 아님을 알 수 있다.

2) 모발의 유지(油脂) 흡수

모발의 유지 흡수 정도는 종류에 따라 차이가 있으며 식물성유지보다 광물성유지 쪽이 대체로 많고 특히 유동파라핀의 흡수율이 가장 크다. 모피질은 친수성이지만 모표피의 표면(에피큐티클)은 친유성이기 때문에 유지의 흡수는 주로 모표피의 표면에서 행해진다. 미용시술 및 기타의 원인 등에 의해 모표피가 변성, 손상, 탈락하거나 하면 유지에 대한 친화성이 감소하기 때문에 유지의 흡수율은 감소한다.

유지와 계면활성제의 종류와 양에 의해 O/W(친수성) 또는 W/O(친유성)이 되며, O/W형은 모피질에 흡수되기 쉽고 W/O는 모표피에 흡수되기 쉬우므로 헤어세팅과 모발·두피관리 시 목적에 따라 각각의 형을 선택할 필요가 있다.

3) 모발의 팽윤성

어떤 물체가 액체를 흡수하여 그 본질을 변화하지 않고 체적을 늘이는 현상을 팽윤이라 하며, 어느 정도 진행하면 그 이상 진행하지 않는 경우인 유한 팽윤과 제한 없이 진행하여 최후에는 용액이 되어 버리는 경우인 무한 팽윤이 있는데 모발은 전자, 케라틴은 후자이다.

모피질을 구성하고 있는 결정영역인 주쇄는 짧은 측쇄로 강하게 연결되어 있기 때문에 물에 의한 영향은 적어 거의 팽윤하지 않는 반면, 비결정영역인 사구상의 주쇄는 비교적 긴 측쇄로 느슨하게 연결되어 있어 물에 의해 주쇄의 간격이 넓어지기 쉽기 때문에 상, 하, 좌, 우로 부풀려지기가 쉽다. 그러나 수직방향으로의 팽윤은 모발섬유에 의해 방해되기 때문에 수평 방향으로 팽윤하게 된다.

물이 들어가 늘어지려는 경향과 측쇄가 원래의 상태로 되돌아가려고 하는 경향이 만나는 지점이 팽윤 평행에 해당하고 시간이 흘러도 팽윤은 더 이상 진행되지 않게 된다.

팽윤도에 영향을 미치는 구조상의 요인은 케라틴분자의 분자량, 결정영역의 양, 측쇄결합의 수 등이 있으며, 손상모는 주쇄, 측쇄결합 등의 절단이 일어나고 있고 모발성분의 유출에 의해 다공성이 증가하고 있기 때문에 그 팽윤도를 비교하는 것에 의해 손상의 유무정도를 추정할 수 있다.

4) 모발과 열

열이 모발에 미치는 영향은 건열과 습열이 다르며, 건열은 외관적으로는 120℃ 전후에서 팽화가 보이고 130~150℃에서 변색이 시작되고, 270~300℃가 되면 타서 분해하기 시작한다. 그러나 기계적인 강도는 80~100℃에서 약해지기 시작하며, 화학적으로는 150℃ 전후에서 시스틴의 감소가 보이고 180℃가 되면 *α*-케라틴이 *β*-케라틴으로 변한다.

한편 습열에서는 시스틴의 감소가 100℃ 전후에서 보이고 130℃에서는 *α*-케라틴이 *β*-케라틴으로 변한다. 또 다른 데이터에 의하면 케라틴의 변성은 습도 70%에서는 70℃부터 시작되지만 습도 97%에서는 55°C부터 시작된다고도 한다.

미용실에서 드라이, 아이론 등으로 가열 또는 건조처리를 받은 모발은 대개 젖어 있고, 30% 전후의 수분을 함유하고 있기 때문에 습도 100%라고 보지 않으면 안 된다. 따라서 모발의 손상을 방지하기 위해서는 처리습도 55℃ 이하에서 하는 것이 바람직하며, 약액으로 젖은 모발이나 세정이 불충분한 모발은 열변성을 한층 강하게 받을 수 있다.

아이론의 온도는 200℃ 전후, 핸드드라이의 온도는 90℃ 전후 또는 부분적으로 더욱 고온으로 되어있는 경우가 있으므로 사용에 주의해야 한다.

5) 모발과 광선

태양광선은 파장이 긴 쪽에서부터 차례로 적외선, 가시광선, 자외선으로 나뉘어지고 그 중에서 모발에 영향을 주는 것은 적외선과 자외선이다. 적외선은 열선이라고도 하며, 물체에 쪼이면 열을 발생하고 모발 케라틴은 그 열에 의해 다소간 측쇄결합이 파괴되어 모발에 손상을 입게 되기도 하지만 두피에 적당히 조사할 경우 말초혈관의 순환을 좋게 하여 탈모방지, 육모 등의 트리트먼트에 사용되기도 한다.

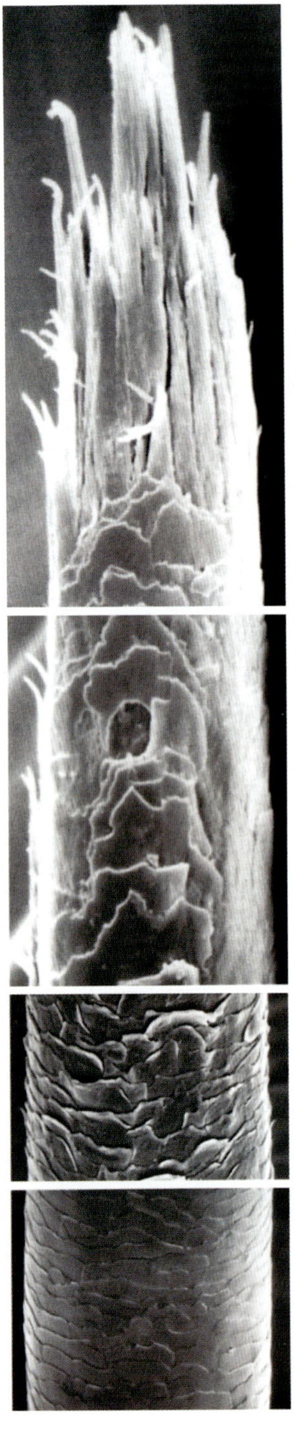

그림 1-6. 머리카락의 손상

모발에 가장 영향을 미치는 광선은 자외선으로 양모에 대한 보고에 의하면 그 광학적 반응에 의해 시스틴이 감소하고 알칼리 용해도가 증가하고 있는 것으로 알려져 있다. 알칼리 용해도는 모발 케라틴의 손상에 비례하여 증가하기 때문에 이 용해도를 측정하는 것에 의해 모발의 손상정도를 알 수 있다.

또 모선과 모근의 유황형태를 분석한 자료에 의하면 -S-S-형의 유황은 모선 쪽이 적게 되어 있는 것으로 나다니 있는데, 이것은 모선 쪽이 빛에 쬐어지고 있는 시간이 길고 외부의 물리적·화학적 영향에 의해 머리카락이 손상을 많이 받았기 때문이다.

옥외근로자, 고원, 그리고 해안의 거주자 등이 퍼머넨트 웨이브가 형성되기 어려운 원인과 컬이 쉽게 풀어지는 원인 또한 태양광선, 특히 자외선에 의한 케라틴의 변성이라고 말할 수 있다.

6) 모발의 정전기

한랭 건조한 겨울에 양모스웨터에서 바지직하는 소리가 나거나 먼지가 쉽게 붙고, 셀룰로즈 책받침을 비비면 휴지조각이 달라붙어 떨어지지 않는 현상 등과 같이 정전기의 발생은 많은 물질에서 보여 진다. 모발을 브러싱하거나 백코밍할 때 브러시에 모발이 달라붙기도 하고 모발끼리 서로 반발해서 미용시술을 하기가 매우 어려운 현상이 일어나기도 하는데 이것은 마찰에 의해 모발은 (+), 브러쉬는 (-)로 대전하기 때문에 (+)인 전기를 가진 모발끼리는 반발하고 (+)인 전기를 가진 모발과 (-)의 전기를 가진 브러쉬와는 서로 끌어당기기 때문이다. 마찰을 적게 하거나 습기를 많게 하면 정전기는 발생하지 않게 되고 실리콘, 유지, 계면활성제, 습윤제 등의 모발제품 등을 사용하여 정전기를 방지할 수 있다.

7) 모발의 강도와 신장도

모발에 힘을 주어 당기면 늘어남과 동시에 굵기도 가늘어지고 결국 끊어진다. 모발이 늘어난 비율을 신장율(%), 절단 시 무거움을 당기는 힘을 강도(g)로 표시한다. 강도와 신도는 측정 시 온도와 습도에 따라 수치가 달라지기 때문에 온도 25℃, 습도 65%를 표준으로 한다.

또한 개인의 체질과 건강상태, 모발의 손상정도, 모발의 길이, 당긴 속도 등에 따라서도 크게 다르기 때문에 측정치는 측정자에 의해 다양하다. 모발 측정치의 평균적인 수치를 보면 건강모의 경우에는 신장율 40~50%, 당기는 힘 140~150g 정도이고 물에 젖은 모발의 경우에는 신장율 60~70%, 당기는 힘 90~100g 정도로 알려져 있다.

건강한 모발 한 가닥을 양손으로 잡아 당겨 보면 비교적 저항력이 있으며, 약간 강하게 잡아당기면 늘어나기 시작하면서 다시 되돌아가려는 힘을 느끼게 되는데 이것을 탄성이라고 한다.

탄성은 모발의 직경과는 관계가 없고 건강모의 경우 상온상습에서 50% 정도의 신장률을 갖고 있으나 수분을 충분히 흡수시키면 70% 정도까지 늘어나고 가열수증기를 가하면 100% 정도 늘어날 수 있다.

이러한 모발의 흡수에 의해 늘어나는 특성은 케라틴 분자구조가 α-케라틴에서 β-케라틴으로 변하기 때문이고 이것은 수소결합이 느슨해지기 때문인 것으로 알려져 있다.

7. 모발의 화학적 특성

모발의 화학적 구성은 45%의 탄소, 28%의 산소, 15%의 질소, 7%의 수소, 그리고 5%의 황으로 구성되어 있다.

모발을 구성하는 섬유단백질인 케라틴은 18종의 아미노산으로 구성되어 있으며, 아미노산의 공통구조는 아미노기(NH_2), 카르복실기(COOH), 수소(H), 잔기(Residue) 등이다. 아미노기는 알칼리성으로 작용하고 카르복실기는 산성으로 작용한다.

아미노산이 모유두에 옮겨져 단백질 합성효소에 의해 조합되어 폴리펩티드가 형성되는데, 종방향의 긴 폴리펩티드 주쇄는 측쇄가 가교로 연결되어 격자상의 폴리펩티드를 형성하게 된다.

1) 시스틴 결합(Cystine bond)

시스테인 두 개가 황(S)을 사이로 결합한 것으로(-S-S-결합) 모발의 측쇄결합 중 가장 강한 결합이다. 펌제의 환원제 구성성분인 티오글리콜산의 작용에 의해 쉽게 절단된다.

2) 이온(염) 결합(Ionic bond)

인접 주쇄 간의 아미노잔기(NH_3^+)와 카르복실잔기(COO^-)가 이온적으로 결합된 것으로 모발에 강도를 주며, 모발의 등전점(pH 4.5~5.5)에서 가장 강하게 결합된다. 농축된 알칼리에 반응하여 모발 케라틴을 유연하게 하고 팽윤시킨다.

3) 수소 결합(Hydrogen bond)

결합력은 약하나 측쇄 중에 다수의 결합이 존재하기 때문에 모발의 형상을 크게 변화 시킬 수 있다. 수소결합은 폴리펩티드 체인에 끼어든 물 분자에 의해 절단되며, 이때 모발은 팽윤되고 길이가 늘어나게 된다.

제2장
헤어 디자인
(Hair Design)

제2장 헤어 디자인 (Hair Design)

1. 헤어 디자인의 정의

디자인(Design)이란 주어진 목적을 조형적으로 실체화하는 것으로 항상 인간의 의식적 노력으로 구체화되는 실체의 세계이다. 헤어 디자인이란 인간의 머리카락을 소재로 하여 기술적인 것과 예술적인 것이 조화된 실체로서 인간의 생활에 기여하는 것으로 외적인 아름다움을 연출하여 개인의 미적 욕구를 만족시켜 주는 것이다.

헤어스타일을 완성하기 위해 가장 중요한 요소는 어떻게 개인의 특성과 이미지에 따라 헤어라인을 만드는가 하는 디자인적인 요소이다. 헤어라인을 디자인하기 위해서는 무엇보다 헤어 커트가 가장 기본적이며 중요한 요소이다. 머리카락을 구상한 라인대로 디자인하여 커트를 하고 난 다음 적합한 컬과 컬러를 넣어 주고 마지막으로 블로우 드라이에 의해 헤어스타일을 완성하게 된다.

헤어 디자인의 궁극적인 목적은 조화로운 아름다움을 연출하는데 있으나 헤어스타일링에 있어 단지 헤어스타일의 아름다움만을 강조하는 것은 바람직하지 않다. 얼굴형 등 전체와의 조화를 이루도록 아름다운 부분을 강조하고 결점은 보완하여 헤어 디자인을 연구하고 헤어스타일을 완성할 수 있도록 시술하여야 한다.

2. 두상의 포인트

헤어스타일의 디자인을 위해 우리는 두상의 각 점에 대하여 이해하고 점을 연결하여 선을 만들고 선을 연결하며 면을 만들어 냄으로서 인체를 대상으로 하는 헤어 디자인 작업을 완성할 수 있는 것이다.

표 2-1. 두상의 포인트

두상의 포인트 명칭	두상의 포인트 위치
① C.P.	Center Point
② T.P.	Top Point
③ C.T.M.P.	Center Top Midium Point
④ G.P.	Golden Point
⑤ T.G.M.P.	Top Golden Midium Point
⑥ B.P.	Back Point
⑦ G.B.M.P.	Golden Back Midium Point
⑧ N.P.	Nape Point
⑨ B.N.M.P.	Back Neck Midium Point
⑩ O.B.	Occipital Bone
⑪ F.S.P.	Front Side Point
⑫ S.P.	Side Point
⑬ S.C.P.	Side Corner Point
⑭ E.P.	Ear Point
⑮ E.B.P.	Ear Back Point
⑯ N.S.P.	Nape Side Point

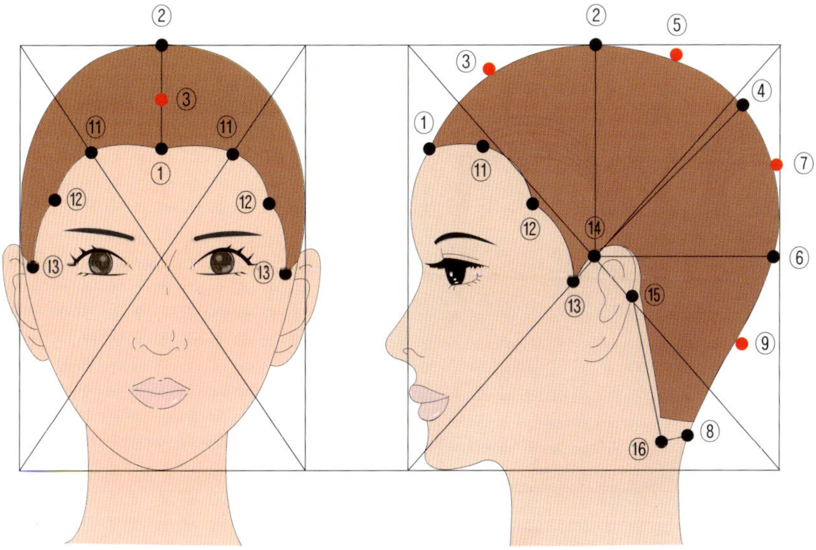

그림 2-1. 두상의 포인트

3. 헤어 디자인의 원리

1) 비례(proportion)

비례는 장식적, 구조적으로 합성된 원리로서 모든 조형예술에서와 같이 어떤 기준의 길이와 크기에 차등을 두거나 조화로운 형태를 얻는 것을 뜻한다. 즉 기준에 비해 길다, 짧다 등 조화로운 배열을 뜻하는 것으로 가장 좋은 비례를 황금비례, 또는 황금분할(1 : 1.618)이라고 하며 모든 디자인에 응용되고 있다.

2) 조화(harmony)

조화는 서로 다른 성질이 한 공간에서 결합될 때 발생하는 상호관계에 대한 미적 효과이며, 디자인의 최종 목표로서 기분, 느낌, 구성이 일치되는 변화 있는 통일을 의미한다.

헤어 디자인에서의 조화는 아이디어와 모드의 조화, 디자인 요소와 원리들 간의 조화, 기능적·물리적·심리적인 효과를 거둘 수 있어야 한다. 같은 헤어스타일이라 하더라도 개인에 따라 주관적인 견해가 다르므로 미용인은 고객의 직업, 생활환경, 기호도 등을 충분히 고려하여 대처해야 한다.

모발의 색은 얼굴의 색, 눈동자의 색, 체형, 의상, 메이크업, 악세사리 등 여러 가지 요소와 조화를 이루어야 하며, 색채에 따라 느껴지는 이미지와 미적요소가 다르므로 헤어스타일과의 조화가 필요하다.

조화는 두 가지 이상의 요소 또는 부분적인 상호관계에서 이들이 서로 미적, 감각적인 효과를 극대화시킨다.

- 유사조화 : 서로 비슷한 요소로 안정감, 단순함, 명쾌함을 준다.
- 대비조화 : 서로 다른 특성으로 조화를 이루어 긴장감, 극적인 효과를 이루나 대비가 강하면 조화를 잃을 수 있다.

3) 리듬(rhythm)

리듬이란 디자인에 연속성을 주는 조직화된 운동의 느낌으로 선, 색채, 재질의 디자인 요소들이 서로 관련을 가지면서 반복되어 미묘한 움직임을 느끼게 하는 것을 말한다.

- 반복 : 색채, 문양, 질감, 선이나 형태가 반복됨으로 이루어지는 리듬
- 점진 : 형태의 크기, 방향 및 색의 점차적인 변화로 생기는 리듬

4) 강조(emphasis)

디자인의 일부분에 강약을 주어 초점이나 흥미를 중심으로 변화, 불규칙성 등을 의도적으로 조성하여 단조로움을 극복한다. 좋은 디자인은 강조점이 뚜렷하며 적절한 위치에 놓여 있고 강조가 부족한 디자인은 혼돈을 가져오고 산만한 느낌을 준다.

5) 균형(balance)

균형이란 심리적으로나 시각적으로나 무게, 크기, 밀도, 위치에 대한 편안함, 침착함, 안정감을 준다. 디자인에는 균형이 있어야 완성된 느낌을 주며, 균형이 맞지 않으면 시각적으로 불안정한 느낌을 갖게 되므로 아름다움을 창조하는데 있어서 좌우의 균형을 맞추는 일은 중요하다.

- 대칭(symmetry)적 균형 : 가장 완전한 균형 상태로 안정감, 엄숙함, 완고함, 단순함이 있으며 비독창적이다.
- 비대칭(asymmetry)적 균형 : 물리적으로는 불균형적이지만 시각적으로는 균형적이다. 부드러움, 율동감, 생명감, 긴장감이 있으며, 예술적인 조형성과 창조적인 효과를 낼 수 있다.

3. 헤어 디자인의 단계

1) 시각적 분석(Visual Analysis)

헤어 디자인의 형태와 질감은 커트하는 방법에 의한 일차적인 결과이다. 헤어 커트 기법과 창조하는 형태, 그리고 헤어라인에서 오는 입체적 질감은 커트를 하기 전에 전체 완성된 모습을 결정하고 스타일을 계획할 수 있도록 해준다.

2) 형태(Form)

형태는 모습의 3차원적인 표현을 말하며 너비, 길이, 깊이로 구성된다. 헤어 디자인은 모발을 매개체로 하여 형태를 만드는 것으로 헤어커트에 의해 기초 형태가 만들어진다.

3) 모양(Shape)

모양은 너비와 길이로 구성되어 있으며 형태의 2차원적인 모습을 나타낸다. 고객을 위해 헤어 디자인을 선택할 때, 우리는 대부분 2차원적인 사진이나 스타일의 이미지를 본다. 선택된 스타일의 조심스러운 분석은 실제 헤어 디자인을 3차원으로 만들어 내는데 필수적이다. 주어진 스타일을 재창조하기 위한 관찰 기술을 개발하는 중요한 열쇠는 마무리된 결과를 관찰하거나 그것을 상상해 보는 것이다.

4) 관찰 단계(Observation Levels)

헤어 디자인을 완성하기 위한 기법들을 수행하기 위해 우리의 손을 훈련하는 것 이외에, 어떤 결과를 얻기 위해 사용되어져야 할 기법을 선택할 수 있도록 눈을 훈련하는데 관찰 단계는 필수적이다.

4. 헤어 디자인과 웨이브

고객의 개성, 취향 및 직업 등의 여러 조건을 만족시킬 수 있는 헤어 디자인을 구상한 후 그에 어울리는 웨이브를 선택해서 다양한 변화를 제공하여 헤어스타일을 완성하는 일은 헤어디자이니에게 매우 중요한 업무이며, 헤어디자이너의 감각과 예술성에 의해 만들어지는 헤어스타일의 멋스러운 변화는 고객의 일상적인 생활까지도 생동감을 불어 넣어 준다.

1940

1930

1950

1970

1960

1980

5. 헤어 디자인을 위해 고려해야 할 요소

개인에게 어울리는 헤어스타일을 디자인하기 위해 고려해야 할 기본적인 요소들로는 얼굴형(정면), 측면의 윤곽, 헤어 라인, 목의 형태, 체형, 모발의 질 등이 있다.

1) 얼굴형에 따른 헤어스타일

얼굴의 형태는 헤어스타일을 선택할 때 가장 중요하게 고려해야 할 사항이지만 고객의 얼굴 형태를 정확하게 알아내는 것은 어려운 과제이며, 그 이유는 각각의 얼굴은 순수하게 한 가지 형태만을 가지고 있는 것이 아니라 복합적이기 때문이다.

얼굴의 형태를 알아보는 방법으로는 모발을 모두 얼굴 뒤로 쓸어 넘긴 다음 한 손으로 거울을 잡고 다른 한 손으로 지울 수 있는 진한 펜 등을 사용하여 거울에 비친 얼굴 형태를 그 위에 그리는 방법이다.

(1) 달갈형 얼굴과 헤어스타일

세로가 가로의 약 1.5배이고 이마가 턱보다 약간 넓은 얼굴형으로 예로부터 표준적인 얼굴형으로 여겨지고 있다. 달걀형 얼굴의 윤곽선과 세로, 가로의 비율은 다른 형태의 얼굴형을 수정하는데 기준이 된다. 대부분의 헤어스타일과 잘 어울리며, 윤곽을 가리지 말고 그대로 살려주는 것이 좋다.

(2) 둥근형 얼굴과 헤어스타일

동양인에게 많으며 얼굴의 골격이 둥글고, 이마의 헤어 라인과 턱 선이 매우 둥글어 전체적으로 통통한 인상으로 발랄하고 명랑한 이미지를 가진다. 전두부에 볼륨을 주고 측두부가 부풀어 보이지 않도록 디자인한다.

① 어울리는 헤어스타일

- 모선이 흐트러진 듯한 생기 있는 가벼운 쇼트 스타일로 귀여운 느낌의 이미지를 살려 준다.
- 앞머리는 짧고 이마가 살짝 보이게 연출하며, 약간의 불균형적인 스타일도 어울린다.
- 사이드 피트의 가르마가 어울리며, 양쪽 볼의 볼록함을 강조하는 센터 파트의 가르마는 피한다.

② 어울리지 않는 헤어스타일

- 전체적으로 볼륨이 있는 퍼머넌트 웨이브, 특히 측두부의 볼륨은 절대적으로 피한다.
- 실루엣 자체가 둥근 것은 결점을 강조하므로 피한다.
- 귀 두로 모발을 넘겨 낮게 덮는 듯한 스타일은 둥근 느낌을 강조하므로 피한다.

(3) 장방형 얼굴과 헤어스타일

얼굴의 길이에 비해 가로의 폭이 좁은 형으로 듬직하게 골격이 잡혀 있는 얼굴이다. 강한 개성을 가진 얼굴이므로 대담하고 화려한 이미지로 개성을 살려 준다. 얼굴의 길이를 강조하지 않도록 주의해서 우아하게 감싸는 듯한 느낌으로 전두부에 볼륨감을 준다.

① 어울리는 헤어스타일

- 앞머리는 길게 내려 주고 전체적으로 웨이브가 없는 층이 많은 쇼트 스타일로 산뜻하고 심플하게 개성적인 이미지로 연출한다.
- 전두부를 낮게 하고 측두부에 볼륨을 준다.
- 관자놀이에서 턱쪽으로 웨이브나 컬 또는 바깥말음으로 볼륨을 주고 귀 뒤로 약간의 모발이 보여 지게 하면 얼굴의 긴 느낌을 줄일 수 있다.

② 어울리지 않는 헤어스타일

- 업스타일
- 볼륨감이 없는 같은 길이의 스트레이트 헤어스타일
- 올 백 헤어스타일

(4) 사각형 얼굴(각진 얼굴형)과 헤어스타일

광대뼈와 턱 부분에 각을 가지고 있는 아주 개성이 강한 얼굴로 보이는 단점이 있으나 개성을 최대로 살려 변신할 수 있는 이상적인 얼굴형이다. 가능한 딱딱한 느낌을 피하고 곡선적인 느낌을 내는 동시에 측면을 좁게 보이도록 디자인해야 한다.

① 어울리는 헤어스타일

- 대담한 스타일의 짧은 헤어스타일을 남성적인 느낌이 들지 않도록 흐트러뜨리면 매우 개성적인 분위기가 연출된다.
- 변화를 준 뱅으로 이마의 직선적인 느낌을 감추고 측면에서 모발을 위로 치켜 올려 한쪽만 살짝 귀를 가리는 스타일도 잘 어울린다.
- 라운드 사이드파트로 얼굴의 각진 느낌에 변화를 준다.
- 얼굴을 감싸듯 쏟아지는 느낌의 헤어스타일로 모선을 가볍게 터치해 턱선에 이르도록 한다.
- 부드러운 컬이 얼굴에 흘러내리게 하거나 약간의 비대칭적인 형태의 헤어스타일로 얼굴의 각을 부드럽게 해준다.

② 어울리지 않는 헤어스타일

- 머리 전체에 볼륨을 넣은 사각형의 실루엣
- 바깥쪽으로 뻗게 하는 스타일은 각진 모양을 강조한다.
- 전두부를 낮게 하면 옆선이 강조되어 각진 느낌을 더욱 강조하게 된다.

(5) 삼각형 얼굴과 헤어스타일

이마보다 턱이 넓고 볼 아래에 걸쳐 군살이 붙어 안정감이 없는 얼굴형이다.

역삼각형의 헤어스타일이 이상적이며 앞머리는 아래로 내리거나 사이드에서 한 쪽으로 볼록한 웨이브가 이마를 덮어 주도록 한다. 가능한 이마와 관자놀이가 드러나지 않는 가벼운 터치의 헤어스타일이 무난하다.

① 어울리는 헤어스타일

- 전두부에 볼륨감을 준 층진 헤어스타일로 턱의 라인이 드러나더라도 이마를 가려주어 귀여운 이미지를 연출한다.
- 모선 끝이 쏟아져 내리게 한 헤어스타일로 얼굴을 감싸고 흘러내리는 듯한 분위기로 발랄한 이미지를 연출한다.
- 다이애고널 파트로 전두부의 측면을 넓어 보이도록 디자인한다.

② 어울리지 않는 헤어스타일

- 크라운을 평평하게 하고 귀 뒤에 볼륨을 주는 헤어스타일
- 이마를 드러내거나 센터 파트 가르마
- 강한 인상을 주는 스트레이트 스타일보다는 웨이브가 어울리지만 아래로 내려가면서 볼륨이 풍성해지는 스타일은 얼굴형을 강조하게 되므로 피한다.

(6) 역삼각형 얼굴과 헤어스타일

광대뼈 사이의 넓이가 얼굴 길이에 비해 넓은 형으로 삼각형의 헤어스타일이 얼굴형에 균형을 줄 수 있다. 현대적인 미인형이나 다소 빈약해 보이기 쉬우므로 단점을 커버하기 위해서는 얼굴을 가려주는 것이 좋다.

① 어울리는 헤어스타일

- 남성적인 느낌의 짧은 헤어스타일은 산뜻한 윤곽이 드러나 귀엽고 예쁘다.
- 전체적으로 층을 준 둥근 실루엣의 헤어스타일로 턱선 가까이에 약간의 볼륨을 주는 정도의 길이가 어울린다.
- 볼의 가파름을 부드럽게 해주기 위해 귀 뒤쪽에 볼륨을 준다.
- 센터 파트를 하면 전두부가 좁아 보여 하부의 폭이 넓어진 것처럼 보여진다.

② 어울리지 않는 헤어스타일

- 턱을 강조하는 형태나 얼굴을 드러내거나 높이는 헤어스타일
- 원 랭스의 긴 스트레이트 스타일은 얼굴의 폭이 더욱 가늘어 보이면서 얼굴형이 강조된다.

(7) 마름모꼴 얼굴(다이아몬드 얼굴형)과 헤어스타일

예리하고 지적인 이미지이지만 쌀쌀하고 신경질적인 느낌을 준다. 아주 마른 사람에게 많이 보여 지는 얼굴형이며 하트형과 비슷하다. 얼굴에 너무 살이 없어 광대뼈가 튀어나오고 턱도 뾰족하다. 이마와 턱 부분을 부드럽게 하고 광대뼈를 숨겨 여성스러움을 강조하는 디자인을 해준다.

① 어울리는 헤어스타일

- 예리하며 도시적인 느낌을 연출하는 쇼트 스타일
- 이마와 턱선을 부풀리는 헤어스타일

② 어울리지 않는 헤어스타일

- 측면과 전두부에 볼륨을 주는 헤어스타일

▣ 얼굴형에 따른 헤어스타일

1. 달갈형 얼굴과 헤어스타일

어울리는 헤어스타일

어울리지 않는 헤어스타일

2. 둥근형 얼굴과 헤어스타일

어울리는 헤어스타일

어울리지 않는 헤어스타일

3. 장방형 얼굴과 헤어스타일

어울리는 헤어스타일

어울리지 않는 헤어스타일

4. 사각형 얼굴과 헤어스타일

어울리는 헤어스타일

어울리지 않는 헤어스타일

5. 삼각형 얼굴과 헤어스타일

어울리는 헤어스타일

어울리지 않는 헤어스타일

6. 역삼각형 얼굴과 헤어스타일

어울리는 헤어스타일

어울리지 않는 헤어스타일

7. 마름모꼴 얼굴과 헤어스타일

어울리는 헤어스타일	어울리지 않는 헤어스타일

2) 측면의 윤곽에 따른 헤어스타일

측면의 윤곽은 옆에서 얼굴을 바라보았을 때 이마, 눈 코, 입, 턱을 연결하는 선의 형태로 헤어스타일을 디자인하는데 중요하다.

① 일직선 형

일직선상은 이상적인 측면의 윤곽으로서 거의 모든 헤어스타일이 잘 어울린다.

② 컨케이브(concave) 형

측면이 오목한 형태로 네이프와 양 사이드의 귀 아래에서 모발을 작고 부드러운 컬이나 웨이브로 볼륨을 주고 얼굴 가까이로 끌어내어 튀어나온 턱을 부드럽게 완화시켜 준다. 앞이마의 돌출 부분을 감추기 위해서 볼륨이 있는 뱅을 앞이마에 내려준다.

③ 컨벡스(convex) 형

측면이 볼록한 형태로 이마 쪽으로 컬이나 뱅을 짧게 살짝 늘어뜨려 들어간 이마를 감추어준다. 네이프와 양 사이드의 모발은 얼굴의 윤곽과 균형을 이루도록 얼굴 가까이로 끌어낸다.

④ 낮은 이마와 돌출된 턱

낮은 이마를 높아보이도록 하고 얼굴이 길어 보이도록 하기 위해서 이마 위에 뱅이나 컬을 두정부에 높게 세워준다. 관자놀이 부분에서 모발을 위로 쓸어 올려 턱선 위에 부드럽게 컬을 만들어 주어 뾰족한 턱을 보완시켜 준다.

3) 헤어 라인에 따른 헤어스타일

이마의 헤어 라인이 뒤로 들어가 있는 경우는 모발을 얼굴 가까이로 끌어내고 이마의 헤어 라인이 얼굴에 근접해 있는 경우는 모발을 뒤쪽으로 빗어 넘겨서 스타일링한다.

① 전두부의 가마가 두 개인 경우

짧게 커트하면 이 부분의 머리카락이 사방으로 뻗치므로 길이를 길게 해 주는 것이 좋다.

② M자 모양 이마의 헤어 라인

너무 짧게 커트하면 앞머리가 갈라지므로 층을 내어 자르는 것이 좋으며 길이를 길게 하여 스타일에 맞는 방향을 잡아주는 것이 좋다.

③ 네이프 부분의 헤어 라인

제비추리가 있는 경우 짧은 스타일을 디자인할 때 머리카락이 뻗칠 수 있으므로 주의해야 한다. 고객과의 대화로 무리한 디자인은 피하며 틴닝 가위를 이용하여 숱을 치면서 스타일을 만든다.

4) 목의 형태에 따른 헤어스타일

① 짧은 목

목이 길어보이도록 모발을 위로 쓸어 올리거나 양 측두부의 모발을 얼굴쪽으로 끌어낸다. 쇼트 스타일이나 업스타일도 어울린다. 목덜미 부분에 볼륨을 주는 헤어스타일은 피한다.

② 길고 가는 목

부드러운 웨이브나 컬로 목 부분을 감싼다. 목덜미에서 모발을 치켜 올린 업 스타일식의 헤어스타일은 피한다.

③ 굵은 목

부드럽게 컬된 다이애고널 웨이브의 헤어스타일이 어울리며 수평선상의 헤어스타일은 피한다.

5) 체형에 따른 헤어스타일

① 키가 크고 마른 체형

밝은 롱 웨이브 헤어스타일이 가장 잘 어울린다. 미디움 원랭스 스트레이트 헤어스타일도 잘 어울린다. 쇼트 헤어스타일은 체형이 더욱 마르고 길어 보이게 하므로 피하는 것이 좋다.

② 키가 크고 뚱뚱한 체형

헤어스타일에 의해 체격이 더 커 보일 수 있으므로 헤어스타일의 선정에 주의해야 한다. 차분한 색의 미디움 원랭스 헤어스타일이 가장 잘 어울린다.

③ 키가 작고 마른 체형

전체적으로 깜찍하고 귀여운 이미지를 가졌으므로 헤어스타일의 선택이 무난하다.

④ 키가 작고 뚱뚱한 체형

날씬하게 보이는 것이 중요하며 쇼트 헤어스타일이 가장 잘 어울린다. 미디움 웨이브 헤어스타일에 층을 주어 가벼워 보이도록 연출해 준다. 깔끔한 짧은 보브 스타일도 잘 어울린다.

6) 모발의 질에 따른 헤어스타일

① 가늘고 부드러운 모발

탄력이 없고 부드러워 빈약해 보이는 반면 물결 같은 흐름을 가진 머릿결이어서 여성스러운 헤어스타일을 표현하기에 적합하다. 머리숱이 많은 경우에는 다양한 헤어스타일을 소화할 수 있지만 적은 경우에는 퍼머넌트 웨이브, 브로우 드라잉, 헤어세팅 등으로 볼륨을 주어 헤어스타일을 완성한다.

② 굵고 뻣뻣한 모발

검고 윤기가 흐르는 머릿결로 지성두피가 많으며 머리카락이 건강하다. 차분하고 지적인 느낌의 헤어스타일로 연출하되 무거워 보일 수 있으므로 주의한다.

③ 곱슬머리

굵은 웨이브가 있는 곱슬머리를 제외한 대부분의 곱슬머리는 부스스해서 지저분해 보이거나 모선 끝이 잘 뻗친다. 헤어스타일을 만들기에 힘들지만 다른 머릿결에는 없는 독특한 웨이브를 살릴 수 있다.

제3장 헤어세팅(Hair Setting)의 이해

제3장
헤어세팅(Hair Setting)의 이해

1. 모발의 물리적 특성과 헤어세팅

모발케라틴의 화학구조는 α-헬릭스 코일로 긴 폴리펩티드 주쇄가 다수 모여 나선모양의 형태로 이루어지며 불용성이다. 주쇄 끼리는 측쇄가 가교로 연결되어 있고, 느슨한 그물구조를 갖고 있다. 이 측쇄결합 속의 수소결합은 물에 의해 절단되어 수산기, 아미노기, 카르복실기 등의 친수성 부분에 물 분자가 흡착되어 주쇄와 주쇄의 사이가 넓어져 그물구조가 부풀어져 간다.

그렇게 되면, 그물상의 연결과 연결사이의 측쇄는 잡아 늘어진 형태가 되며, 증기로 가열하면 정상적인 길이의 2배 정도를 늘일 수 있게 된다. 늘어난 상태에서 모발의 α-헬릭스의 구조는 명주의 β-케라틴(피브로인)과 비슷한 형태가 된다. 모발의 늘어진 측쇄는 기회가 있을 때마다 원래의 상태로 되돌아가려고 하는 경향이 있으며, 냉각시켜 그 장력을 제거하면 자발적으로 본래의 α-헬릭스로 되돌아 간다.

이러한 특성을 미용시술에 응용한 것이 헤어세팅, 브로우 드라잉, 퍼머넌트 웨이브 등이다.

2. 웨이브의 원리

스트레이트 헤어스타일은 신선하면서도 순수한 분위기를 나타내며, 웨이브 헤어스타일은 보다 부드럽고 우아하며 여성스러운 느낌을 가지게 해 준다. 또한 어떤 종류의 웨이브를 선정해서 시술했느냐에 따라서도 매우 다른 분위기가 연출되므로 개개인의 개성과 취향에 어우러지는 아름다움을 극대화시켜 주는 것은 헤어디자이너에게 있어서 매우 중요한 과제이다.

웨이브에는 헤어세팅, 브로우 드라잉, 아이론 등의 일시적인 웨이브와 퍼머넌트 웨이브 등의 영구적인 웨이브가 있다.

헤어세팅은 머리카락을 샴푸하여 수소결합을 일시적으로 끊어준 상태에서 선정된 세트 롤러에 머리카락을 감아 수분을 건조시켜 주면 끊어진 수소결합이 세트 롤러의 모양과 크기에 따라 재결합을 하여 원하는 컬을 형성시켜 주는 것이며, 머리카락이 물에 젖으면 다시 원래의 머리카락 상태로 되돌아가는 헤어스타일링 기법이다.

브로우 드라잉은 브로우 드라이어의 열과 바람을 이용하여 선정된 롤 브러쉬의 모양과 크기에 따라 보다 빠른 시간 안에 웨이브 또는 스트레이트 헤어스타일을 완성시켜 주는 것이다.

아이론은 건조한 모발에 전기아이론, 스트레이트너 등의 건열을 이용하여 웨이브를 형성시켜 주는 것이다.

퍼머넌트 웨이브는 머리카락을 샴푸하여 수소결합을 끊어 준 다음 알칼리용액인 환원제를 도포하면 용액에 함유된 티오글리콜산이 시스틴결합을 끊어 주게 된다. 이러한 상태에서 선정된 펌 로드로 와인딩을 하면 끊어진 시스틴결합이 엇갈려서 마주 보게 되고 방치시간이 경과된 후 과산화수소가 주원료인 산화제를 도포하면 끊어진 시스틴결합은 재결합을 하여 웨이브가 형성된다. 환원과 산화에 의한 화학작용에 의해 형성된 모발의 컬은 샴푸 후에도 본래의 상태로 돌아가지 않으며 오랫동안 컬의 상태를 유지할 수 있다.

3. 헤어세팅의 과정

미용시술에서의 헤어세팅이란 헤어스타일을 고정적으로 형성한다는 의미로서 모발의 일정한 형태를 만들기 위한 기술로서 미용 용어로 헤어스타일의 기초를 만드는 오리지널 세트(original set : 기초 세트)와 헤어스타일을 재구성하는 리세트(reset : 끝맺음 세트)의 두 가지 과정이 있다.

리세트의 경우 빗으로 스타일을 재구성하는 기술을 콤 아웃(comb out)이라고 하고, 브러쉬로 스타일을 재구성하는 기술을 브러쉬 아웃(brush out)이라고 하는데, 현재는 일반적으로 헤어세팅을 끝마무리 하는 것을 콤 아웃이라고 한다.

샴푸잉 후 먼저 세트 로션 등으로 모발을 준비한 다음 세트 롤러, 클립, 핀 등을 사용하여 헤어스타일에 따라 머릿결을 나누어 와인딩 한다. 일정한 시간이 지나면, 세트 롤러를 풀고 드라이어 등을 사용하여 머릿결을 매만지며 빗과 브러시를 사용해 마무리한다.

가정에서 헤어세팅을 할 경우에는 모발의 질이나 헤어 라인, 웨이브 등에 어울리는 무난한 스타일을 선택하는 것이 좋고, 핀컬이나 세트 롤러를 와인딩할 때는 모발의 끝을 완전히 말아 넣어 모발이 꺾이거나 갈라지지 않도록 주의해야 한다. 브로우 드라이어나 전기 세팅기 등으로 세트 시, 뜨거운 바람과 열을 너무 오래 가하면 모발이 부서지거나 갈라지고 부스스 해져서 곱게 매만지기 어렵게 되므로 주의한다.

1) 오리지널 세트

세트 롤이나 핀컬 웨이브 등의 방법으로 모발에 컬을 만드는 것을 말하고, 기초가 되는 최초의 세트이다. 오리지널 세트 기술의 기초적인 주요 요소로는 헤어 파팅(hair parting), 헤어 쉐이핑(hair shaping), 헤어 컬링(hair curling), 헤어 웨이빙(hair waving)이 있다. 헤어 컬링에는 롤러 컬(roller curl)과 핀 컬(pin curl)이 있으며, 헤어 웨이빙에는 아이론 웨이브(Iron wave)와 브로우 드라이 웨이브(blow dry wave), 핑거 웨이브(finger wave) 등이 있다.

(1) 헤어 파팅

헤어 파팅은 얼굴형, 머리카락의 흐름, 디자인에 따라서 모발을 나누는 것으로 가르마를 가르는 것이라고도 하며, 미용시술에 있어 가장 기본적인 시술이다. 적절한 헤어 파팅은 얼굴형의 단점을 보완해 주고 장점을 강조해 준다.

① 센터 파트(center part) : 앞 가르마, 센터 포인트에서 탑 포인트를 향해서 직선으로 나눈다.

② 사이드 파트(side part) : 옆 가르마, 가마의 위치와 머리카락의 흐름에 따라 위치가 조금 다를 수 있으나 프론트 사이드 포인트에서 뒤쪽을 향해서 직선으로 나눈다. 왼쪽과 오른쪽 사이드 파트가 있다.

③ 라운드 사이드 파트(round side part) : 사이드 파트를 곡선상으로 나누는 것으로 골든 포인트를 향해 둥그스름하게 나눈다.

④ 업 다이애고널 파트(up diagonal part) : 사이드 파트를 대각선 모양으로 두상 위쪽으로 향해서 나눈다.

⑤ 다운 다이애고널 파트(down diagonal part) : 사이드 파트를 대각선 모양으로 두상 아래쪽으로 향해서 나눈다.

⑥ 이어 투 이어 파트(ear to ear part) : 한쪽 이어 포인트에서 탑 포인트를 지나 반대편 이어 포인트를 향해서 수직선으로 나눈다.

⑦ 백 센터 파트(back center part) : 후두부를 정중선으로 나눈다.

⑧ 렉탱귤러 파트(rectangular part) : 얼굴형과 머리카락이 난 모양에 따라 위치가 조금 다를 수 있으며, 이마 양쪽의 프론트 사이드 포인트와 두정부를 평행하게 하여 두상의 모양에 따라 U자형의 사각 형태로 나눈다.

⑨ 스퀘어 파트(square part) : 렉탱귤러 파트의 가로와 세로의 길이가 똑같게 나눈 파트이다.

⑩ 트라이앵귤러 파트(triangular part) : 양쪽의 프론트 사이드 포인트오 두정부의 중심을 연결하여 나눈다.

⑪ 카우릭 파트(cowlick part) : 두정부의 가마로부터 방사상으로 나눈다.

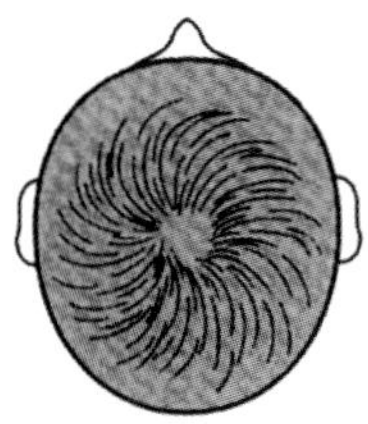	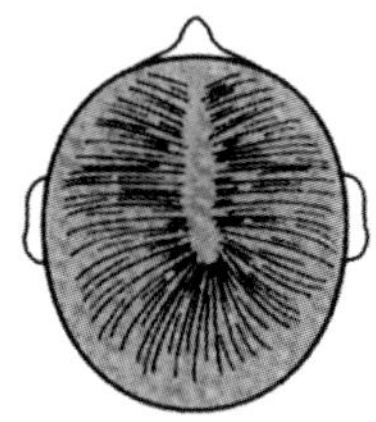	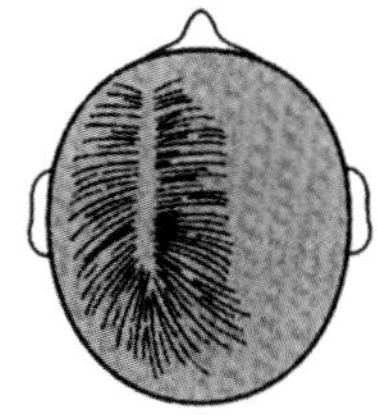
카우릭 파트(cowlick part) 노가르마 형태로서 머리의 흐름에 따라 나눈 것	센터 파트(center part) 전두부의 헤어라인 중앙으로부터 T.P까지 직선으로 나눈 것	사이드 파트(side part) 눈썹의 1/3 지점에서 뒤쪽으로 향해 수평하게 직선으로 나눈 파트(옆가르마라고 함)
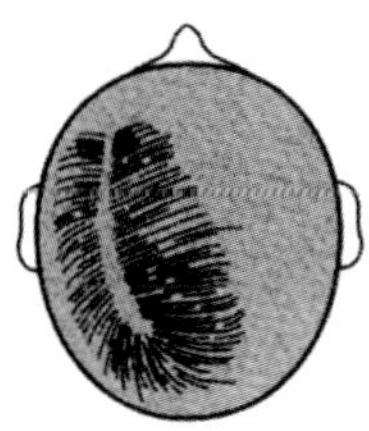	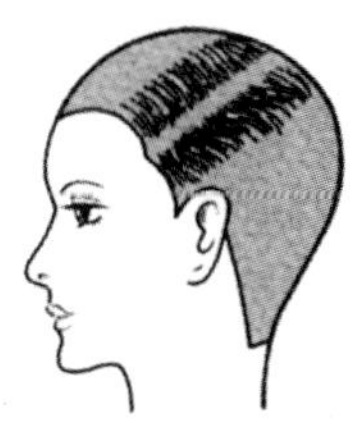	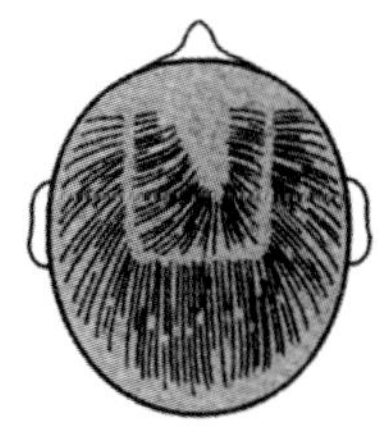
라운드 사이트 파트(round side part) 사이드 파트를 곡선으로 나눈 것	다이애고널 파트(diagonal part) 사이드 파트의 응용으로 가르마의 위치를 대각선 분할로 나눈 것	렉탱귤러 파트(rectangular part) 사각형 모양으로 나눈 것
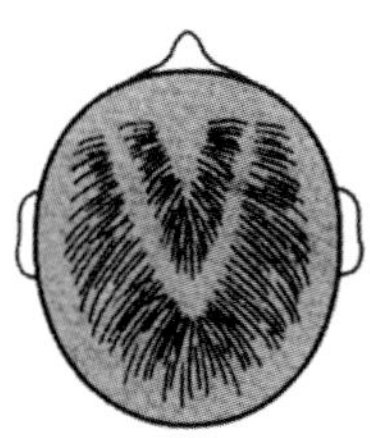	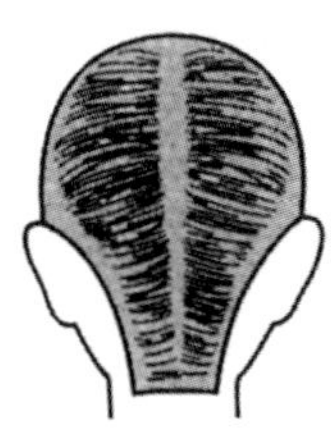	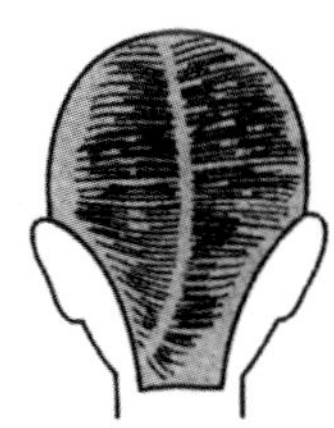
트라이앵귤러 파트(triangular part) 삼각형 모양 또는 V자 모양으로 나눈 것	백 센터 파트(back senter part) 앞머리 중심, 뒷머리 중심을 나눈 것	백 다이애거널 파트(back diagonal part) 크라운 부분에서 뒷머리 부분까지 사선으로 이어준 것

그림 3-1. **헤어 파트의 종류**

수직빗기 안쪽 돌려빗기 바깥쪽 돌려빗기

그림 3-2. 빗질의 방향

(2) 헤어 쉐이핑

헤어 쉐이핑은 모발의 형태를 만들어 가기 위해 머리카락의 흐름을 만드는 것으로 컬과 웨이브를 형성하기 위한 기초 기술이다. 헤어 쉐이핑을 하기 위해서는 두상 앞쪽에서 뒤쪽으로 똑바로 빗을 넣어 머리카락이 엉키지 않도록 빗고 머리카락의 결이 한쪽으로 치우쳐서 숱이 많아지거나 적어지는 부분이 생기지 않도록 한다.

빗은 굵은 빗살과 가는 빗살이 함께 있는 헤어 세트용 빗을 사용하는데 굵은 빗살은 정확한 머리카락의 결과 웨이브의 흐름을 만들어 내는데 편리하며 가는 빗살은 머리카락의 결을 곱게 할 수 있으나 시술과정 중에 먼저 만들어 놓은 웨이브를 잡아 당겨 일그러뜨릴 염려가 있다.

헤어 쉐이핑은 빗는 각도에 따라 업 쉐이핑(up shaping)과 다운 쉐이핑(down shaping)으로 분류하며, 쉐이핑의 각도에 따라 모발의 전반적인 볼륨과 방향이 결정된다.

이 밖에 빗질하는 방향에 따라 수직 빗기(straight shaping), 안쪽 돌려 빗기(in curve shaping), 바깥쪽 돌려 빗기(out curve shaping)가 있는데 주로 웨이브의 흐름을 결정짓는 역할을 한다.

(3) 헤어 컬링

컬(curl)은 "곱슬곱슬하게 하다, 굽이치게 하다"라는 뜻으로 헤어 컬은 한 묶음의 머릿단을 고리 모양이나 소용돌이 모양으로 말아 놓은 것이다.

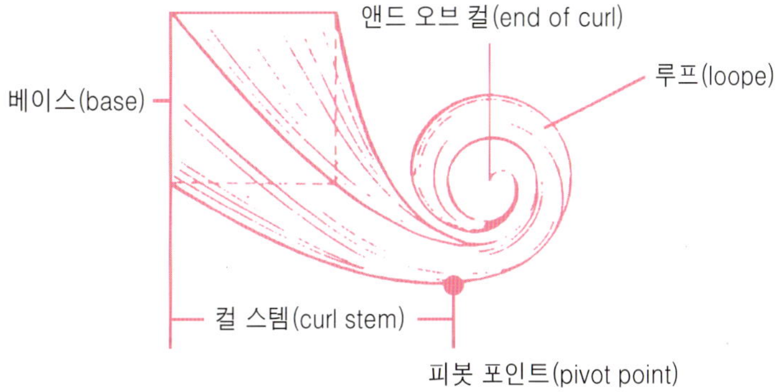

그림 3-3. **컬의 각 부분 명칭**

가) 컬의 목적

① 웨이브를 만들어 헤어스타일을 완성하기 위함이다.

② 플러프(fluff, 일정한 모양이 갖춰지지 않고 바람에 흩날린 듯한 느낌)를 만들어 머리카락 끝에 변화와 움직임을 주기 위함이다.

③ 헤어스타일에 볼륨을 주기 위함이다.

나) 컬의 각 부분 명칭

① 베이스(base) : 컬된 머릿단(curl strand)의 근원

② 피봇 포인트(pivot point) : 컬이 말리기 시작한 지점

③ 컬 스템(curl stem) : 베이스에서 피봇 포인트까지의 머릿단

④ 루프(loop) : 머릿단이 원형으로 말려진 둥근 부분

⑤ 엔드 오브 컬(end of curl) : 컬된 머릿단의 끝

다) 컬을 구성하는 요소

① 헤어 쉐이핑 : 헤어스타일을 고려해서 업 쉐이프(스트랜드의 각도가 30도 이상의 위쪽으로 빗어 올림)를 하거나 다운 쉐이프(스트랜드의 각도가 30도 이하로 내려서 빗어 내림)를 한다.

② 스템의 방향과 각도 : 컬의 방향은 컬의 효과를 변화시키고 모발의 움직임을 좌우한다. 또한 스템의 두피에 대한 각도에 따라 웨이브의 구성과 모근의 볼륨이 달라진다.

- 풀 스템(full stem) : 컬의 형태와 방향성만 부여하며, 컬의 움직임이 가장 크다.
- 하프 스템(half stem) : 컬이 베이스에 반 정도 걸쳐 있게 되며, 컬의 탄력도가 가장 크다.
- 논 스템(non stem) : 컬이 오래 지속되며 모근의 볼륨은 가장 큰 반면 탄력도는 떨어진다.

③ 슬라이싱(slicing) : 컬을 만들기 위하여 모발을 얇게 나누어 잡는 것으로 정확한 슬라이스 라인을 잡는 기술이 필요하다. 슬라이스의 폭과 로드의 선정에 따라 컬의 형성이 달라진다.

④ 텐션(tension) : 컬을 와인딩할 때 스트랜드를 당기는 힘의 정도를 말하며, 컬을 완성시키는데 있어 가장 기초적이면서도 어려운 시술이다. 적당한 텐션을 가함으로써 웨이브에 탄력을 주게 된다.

⑤ 루프의 크기 : 직경이 작은 루프는 작고 탄력있는 웨이브를 형성하고 직경이 큰 루프는 크고 부드러운 웨이브를 형성한다.

⑥ 베이스 : 컬 스트랜드의 두피 부분으로 미리 일정한 형태와 크기로 만들어 지는 경우와 쉐이핑 한 곳에서부터 슬라이스 하면서 만들어지는 경우가 있다. 전자의 방법에 의해 만들어지는 컬을 스트랜드 컬(strand curl), 후자의 방법에 의해 만들어지는 컬을 쉐이핑 컬(shaping curl)이라고 한다.

- 스퀘어 베이스(square base) : 정사각형 베이스로 균일한 컬이나 웨이브를 만들 때에 적합하며, 하나씩 독립된 컬에 사용하는 베이스이다.
- 오브롱 베이스(oblong base) : 직사각형 베이스로 길이가 길어서 루프가

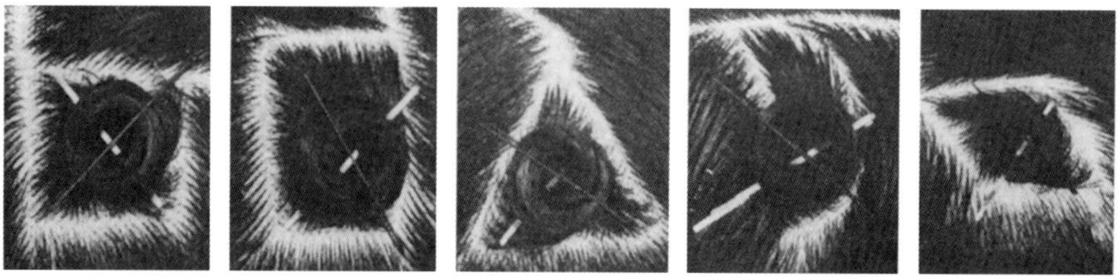

스퀘어(square) 오브롱(oblong) 트라이앵귤러(triangular) 아크(arc) 평행사변형(parallelogram)

그림 3-4. **베이스의 종류**

두발끝이 안쪽인 경우　　두발끝이 바깥쪽인 경우

그림 3-5. 모선의 취급방법에 따른 웨이브의 형성

끝 쪽에 만들어지므로 앞쪽 헤어라인으로부터 떨어진 웨이브를 만들 수 있다.

· 트라이앵귤라 베이스(triangular base) : 삼각형 베이스로 코움 아웃 후 분할선을 만들지 않으므로 이마의 헤어라인 등에 사용된다. 컬의 시작이나 둥그스름한 느낌이 강한 부분에 이어서 사용되는 베이스이다.

· 아크 베이스(arc base) : 호형 베이스로 두정부, 후두부, 측두부에 사용되며, 후두부에 소용돌이 모양의 큰 스월 웨이브(swirl wave)를 만들 경우에 많이 사용된다. 쉐이핑에 따라 왼쪽 방향과 오른쪽 방향의 베이스가 있다.

· 평행사변형 베이스(parallelogram base) : 메이폴 컬(maypole curl), 리프트 컬(lift curl)을 이용하여 모발 끝에 탄력을 주는 웨이브를 만드는 경우에 적합하다.

⑦ 모발 끝(모선)의 취급 방법 : 컬을 모선에서 모근 쪽을 향해 말아 가는 경우에는 모선이 안쪽이 되고 모근이 컬의 바깥쪽을 이루게 되어 모선의 웨이브 폭이 좁고 모근의 웨이브 폭이 넓어지게 된다. 반대로 컬을 모근에서 모선 쪽을 향해 말아 가는 경우에는 모선이 컬의 바깥쪽이 되고 모근이 컬의 안쪽을 이루어 모선의 웨이브 폭이 넓고 모근으로 갈수록 웨이브의 폭이 좁아지게 되며 볼륨도 모근 쪽이 강하게 된다.

라) 컬의 종류

① 컬의 상태에 의한 분류 : 루프가 세워져 있는지, 평평하게 되어 있는지에 따라 분류한 것이다.

- 스탠드 업 컬(stand up curl) : 루프가 두피에 약 90° 정도의 각도로 세워져 있는 것으로 볼륨을 얻기 위한 방법이다.
- 플래트 컬(flat curl) : 루프가 두피에 평평하고 납작하게 놓여 있는 것으로 모근에 볼륨이 없다.
  - 스컬프쳐 컬(sculpture curl)은 모선이 루프의 중심이 되는 컬로써, 리지(ridge)가 높고 트로프(trough)가 낮은 웨이브를 형성한다.
  - 메이폴 컬(maypole curl)은 모근 쪽에서 컬을 말아 모선이 루프의 바깥쪽이 되는 컬로써, 전체적인 웨이브의 흐름보다는 부분적으로 나선형의 컬이 필요할 때 이용된다.
- 리프트 컬(lift curl) - 루프가 두피에 약 45° 정도의 각도로 세워진 컬로 스탠드 업 컬보다 스템의 방향성 즉 웨이브의 흐름이 있고 어느 정도의 볼륨이 있는 웨이브를 만들고자 할 때 이용된다.

② 컬의 방향에 의한 분류 : 컬의 방향을 오른쪽(시계바늘 방향)과 왼쪽(시계바늘 반대 방향), 귓바퀴를 기준으로 분류한 것이다.

- 클라크 와이즈 와인드 컬(clock wise wind curl) ; C컬이라고도 하며 컬의 방향이 오른쪽 방향(시계바늘 방향)으로 말려져 있는 컬이다.
- 카운터 클라크 와이즈 와인드 컬(counter clock wise wind curl) : CC컬이라고도 하며 컬의 방향이 왼쪽 방향(시계바늘 반대 방향)으로 말려져 있는 컬이다.
- 포워드 컬(forward curl) : 귓바퀴 방향으로 컬이 말려져 있는 것으로 왼쪽 두상의 포워드 컬은 C컬, 오른쪽 두상의 포워드 컬은 CC컬이다.
- 리버스 컬(reverse curl) : 귓바퀴 반대 방향으로 컬이 말려져 있는 것으로 왼쪽 두상의 리버스 컬은 CC컬, 오른쪽 두상의 리버스 컬은 C컬이다.

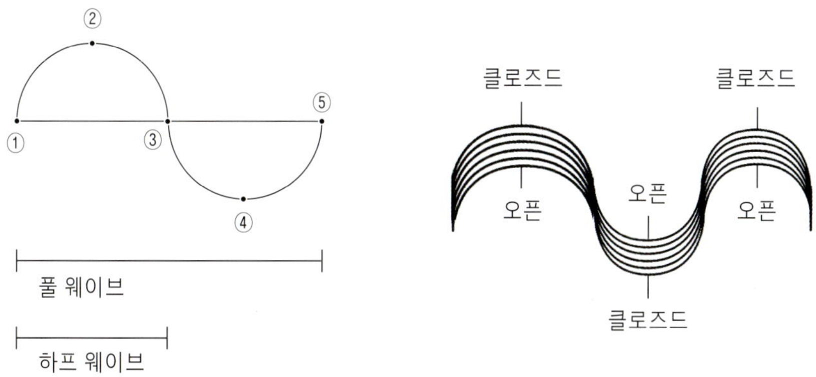

그림 3-6. 웨이브 각 부분의 명칭

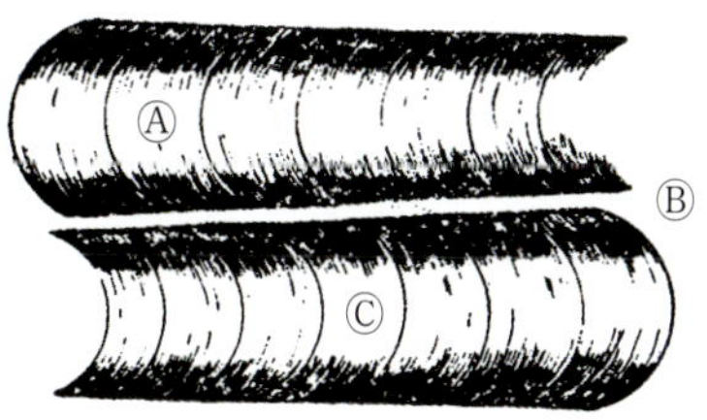

그림 3-7. 핑거 웨이브 각 부분의 명칭

(4) 헤어 웨이빙

가) 웨이브 각 부분의 명칭

헤어스타일링에서는 파상을 이루는 모발의 부분을 웨이브라고 하며 컬 웨이브, 핑거 웨이브, 아이론 웨이브 등이 있다.

각 부분의 명칭은 ① 기시점(beginning), ② 크레스트(crest), ③ 리지(ridge), ④ 트로프(trough), ⑤ 종지점(ending)이다.

기시점 ①로부터 종지점 ⑤까지를 풀 웨이브(full wave)라고 하며, 웨이브의 오목한 부분을 오픈 엔드(open end, 열린 면), 볼록한 부분을 클로즈드 엔드(closed end, 닫힌 면)라고 한다.

핑거 웨이브의 경우에는 Ⓐ를 제 1의 트로프, Ⓒ를 제 2의 트로프라고 하며, Ⓐ에서 Ⓒ로 컬의 방향이 바뀌면서 융기된 부분인 Ⓑ를 리지(ridge)라고 한다.

나) 웨이브의 분류

① 웨이브를 만드는 방법에 의한 분류

- 마셀 웨이브(marcel wave) : 아이론의 열을 이용하여 웨이브를 만든다.
- 핑거 웨이브(finger wave) : 세팅 로션 또는 물을 사용해서 모발을 적시고 세팅 빗과 손가락을 이용하여 웨이브를 만든다.
- 컬 웨이브(curl wave) : 두 줄의 컬을 조합시켜서 웨이브를 만든다.

② 웨이브의 형상에 의한 분류

- 쉐도우 웨이브(shadow wave) : 크레스트가 뚜렷하게 드러나지 않는 아주 부드러운 웨이브로 리지가 보이지 않는다.
- 내로우 웨이브(narrow wave) : 리지와 리지의 폭이 좁고 파상이 많은 웨이브로서 곱슬곱슬하게 된 퍼머넌트 웨이브에서 볼 수 있다.
- 와이드 웨이브(wide wave) : 쉐도우 웨이브보다는 크레스트가 뚜렷한 웨이브이다.
- 프리즈 웨이브(frizz wave) : 모근은 부드럽고 모선은 강한 웨이브이다.
- 소프트 웨이브(soft wave) : 전체적으로 부드러운 웨이브이다.

③ 웨이브의 위치에 의한 분류

- 버티걸 웨이브(vertical wave) : 웨이브의 리지가 수직으로 되어 있는 웨이브이다.
- 호리존털 웨이브(horizontal wave) : 웨이브의 리지가 수평으로 되어 있는 웨이브이다.

그림 3-7. 웨이브의 위치에 의한 분류

· 다이애고널 웨이브(diagonal wave) : 웨이브의 리지가 사선으로 비스듬하게 되어 있는 웨이브이다.

2) 콤 아웃

이 단계에서 원하는 모양의 헤어스타일로 머리 형태를 마무리하게 된다. 다시 말해 콤 아웃이란 오리지널 세트에서 만들어진 웨이브와 볼륨을 이용하여 매끄럽게 매만져서 원하는 헤어스타일을 실제로 만들어 내어 오래 지속되도록 하는 것이다.

이때, 헤어스타일을 완성하기 위하여 사용되는 도구로써는 빗과 브러시가 사용된다. 브러시를 사용하여 마무리를 하는 것을 브러시 아웃(brush out)이라 하고 빗으로 마무리를 하는 것을 코움 아웃(comb out)이라고 한다.

(1) 브러싱(brushing)

오리지널 세트에 의해 구성된 패턴에 맞추어 우선 빗으로 먼저 빗은 다음에 모발의 선이 매끄럽게 될 때까지 브러싱하여 마무리한다. 브러시를 모발에 넣을 때는 힘을 약하게 하고 뺄 때는 강하게 하며, 한번의 브러싱 동작은 정확하면서도 조용하게 속도를 가해서 실시한다.

(2) 코밍(combing)

브러시로는 표현되지 않는 중요한 작은 부분은 코밍을 해주는데 파팅이나 백코밍을 하는 경우, 모발의 표면을 매끄럽게 하거나 모발의 결을 정리하는 경우, 모선을 정돈하는 경우 등에 이용된다.

(3) 백 코밍(back combing)

빗을 스트랜드의 뒷면에 직각으로 넣고 모근을 향해 빗을 내리누르듯이 빗질하여 머리카락을 헝클어지듯이 하여 빳빳하게 세우는 것이다. 브러시를 이용한 경우를 백 브러싱 또는 러핑이라고 하는데 시간 절약을 위해 긴 모발에 효과적이다.

① 모발을 똑바로 세우기 위해서 모근에만 깊숙이 백 코밍을 해준다.

② 모발에 볼륨을 주거나 헤어스타일이 오래 지속될 수 있도록 단단한 기초를 만들기 위해서 또는 모발이 자연스럽게 연결되도록 하기 위해서 모근에서 모선 쪽으로 옮겨 나가면서 스트랜드 전체에 백 코밍을 해준다.

③ 모선 끝에 둥그스름한 느낌을 나타내기 위해서 왼손으로 모발을 잡아 당기면서 스트랜드의 중간 부분에서 모선까지 백 코밍을 해준다.

(4) 뱅(bang)

이마 위에 앞머리를 늘어뜨리거나 장식한 것을 뱅이라고 하는데, 그 형태에 따라 헤어스타일에 다양한 변화를 준다. 뱅을 부드럽게 미적으로 표현해내지 못하면 헤어스타일의 디자인은 실패한 것이다. 뱅의 종류는 다양하며 그 변형은 헤어디자이너의 능력에 따라 무한하다고 볼 수 있다.

① 플러프 뱅(fluff bang) : 앞머리를 깃털과 같이 일정한 모양을 갖추지 않고 부풀려서 볼륨을 준 형상이다.

② 롤 뱅(roll bang) : 롤 모양으로 앞머리를 둥글려 놓은 형상이다.

③ 웨이브 뱅(wave bang) : 앞머리를 풀 웨이브 또는 하프 웨이브로 형성한 뱅으로 모선 끝은 라운드 플러프(round fluff, 모선 끝이 원형 또는 반원형으로 이루어진 형태)로 처리한다.

④ 프렌치 뱅(french bang) : 앞머리를 업 콤(up comb, 치켜 올려 빗기)시킨 다음 모선 끝을 너풀너풀 부풀린 느낌이 들도록 플러프로 만들어 내려뜨린 형상이다.

⑤ 프린지 뱅(fringe bang) : 가르마 가까이의 이마 옆쪽 작은 머릿단에 애교스럽게 컬을 만들어 주는 형상이다.

제4장
헤어세팅
(Hair Setting)의
실제

제4장 헤어세팅(Hair Setting)의 실제

1. 핑거 웨이브(finger wave) 및 핀 컬(pin curl)

핑거 웨이브는 핀 컬 웨이브보다 빠른 속도로 웨이브를 형성시킬 수 있고 유연성이 우수하나 탄력성은 다소 약하다. 핑거 웨이브의 3대 요소는 크레스트, 리지, 트로프이다.

1) 핑거 웨이브 및 핀 컬에 필요한 도구

세팅 빗, 꼬리 빗, 헤어 핀 또는 클립, 세팅 로션, 엔드 페이퍼 등이 필요하다.

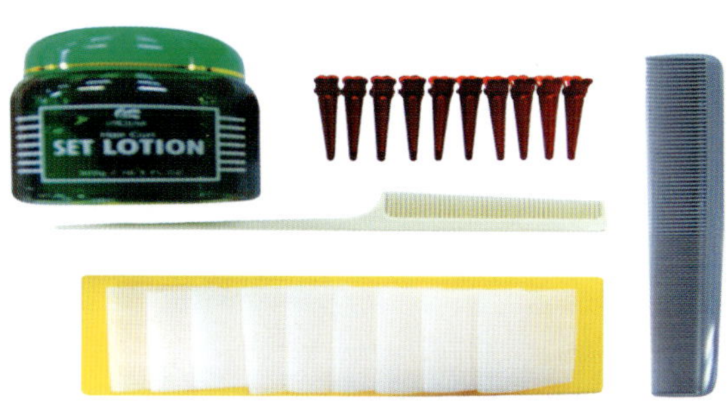

그림 4-1. 핑거 웨이브 및 핀 컬에 필요한 도구

2) 시술순서

(1) 핑거 웨이브

① 모발 전체를 가볍게 브러싱하고 빗으로 잘 다듬는다.

② 웨이브를 만들려는 모발 부분에 세팅 로션, 헤어 젤 등을 도포한다.

③ C컬과 CC컬의 방향에 따라 모발을 왼손의 중지로 누르고 세팅 빗으로 S컬의 방향에 따라 모발을 두피에 붙여 빗으면서 웨이브를 형성시켜 준다.

④ 검지와 중지를 사용하여 리지가 흐트러지지 않도록 꼭 눌러주면서 컬의 방향을 바꾸어 ③과 같은 방법으로 웨이브를 형성시켜 준다.

(2) 핀 컬

① 모발 전체를 가볍게 브러싱하고 빗으로 잘 다듬는다.

② 선정된 베이스에 따라 모발을 슬라이싱 한 다음 스트랜드를 꼬리 빗으로 컬의 방향에 따라 매끄럽게 빗어준다.

③ 모선 끝에 엔드 페이퍼를 감아 웨이브의 흐름에 따라 C컬과 CC컬로 텐션을 유지하면서 와인딩한다.

④ 루프를 두피에 고정시키고 컬의 방향과 종류에 따라 헤어 핀이나 클립으로 고정시킨다. 컬 피닝(curl pinning) 시 고정 방법에는 사선고정, 수평고정, 교차고정이 있다.

3) 컬 피닝 시 주의사항

① 모발이 젖은 상태이므로 모발에 핀이나 클립 자국이 나지 않도록 한다.
② 루프의 형태가 일그러지지 않도록 한다.
③ 고객의 안전을 위하여 모발을 건조시킬 때 가열된 핀이나 클립이 고객의 귀나 피부에 닿지 않도록 한다.
④ 먼저 시술 된 컬이 흐트러지지 않도록 한다.
⑤ 루프를 안정감 있게 1/3 정도씩 연결하여 고정시킨다(교차고정 제외).
⑥ 핀이나 클립이 루프의 지름보다 지나치게 큰 것은 다음 컬을 만드는데 방해가 되므로 사용하지 않는다.
⑦ 루프의 형태가 일그러지지 않도록 컬을 고정시킬 때는 핀이나 클립의 끝부분으로 고정시킨다.

4) 스킵 웨이브(skip wave)

스킵 웨이브는 첫 단의 핑거웨이브가 C컬인 경우 다음 단의 핀 컬은 CC컬로 와인딩 하면서 핑거 웨이브와 핀 컬을 교대로 조합시켜 웨이브를 형성한 것이다. 폭이 넓고 부드럽게 흐르는 버티컬 웨이브를 만들고자 하는 경우에 좋다.

2. 롤러 컬(roller curl)

롤러 컬은 원통의 롤러를 사용해서 만들며 롤러의 크기와 모양에 따라 자연스럽고 부드러운 웨이브를 만들어 다양한 스타일을 연출할 수 있다. 롤러 컬은 일시적인 모발의 물리적 변화를 이용하여 웨이브를 만드는 방법으로 자연스럽고 부드러운 컬을 만드는데 이용된다. 또한 모발에 볼륨을 주기 위해서나 업-스타일 시에 볼륨과 일시적인 컬을 만들기 위해서도 이용된다.

1) 롤러 컬에 필요한 도구

꼬리 빗, 핀셋, 세트 롤러, 헤어 핀 또는 클립, 엔드 페이퍼

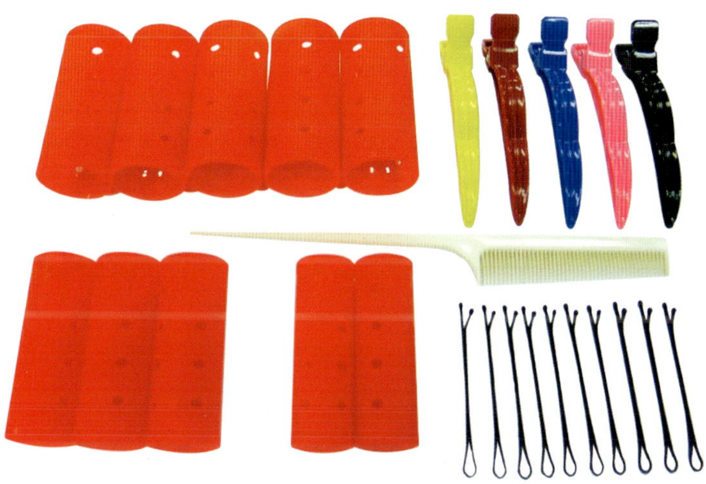

그림 4-2. 롤러 컬에 필요한 도구

2) 롤러 컬의 종류

① 논 스템 롤러 컬(non stem roller curl)

- 스트랜드의 두피에 대한 각도는 전방 약 45° 정도(후방 약 120° 이상)이다.

· 롤러는 베이스 중앙에 위치하며 크라운 부분에 많이 사용된다.
· 스템이 거의 롤러에 감겨져 있으므로 논 스템 롤러 컬이라고 한다.
· 모근의 볼륨이 가장 크다.

② 하프 스템 롤러 컬(half stem roller curl)

· 스트랜드의 두피에 대한 각도는 약 90° 정도이다.
· 롤러는 제 베이스와 다음 베이스에 반 씩 걸쳐져 위치한다.
· 논 스템 롤러 컬에 비해 볼륨은 작으나 자연스럽게 컬이 형성된다.

③ 롱 스템 롤러 컬(long stem roller curl)

· 스트랜드의 두피에 대한 각도는 후방 약 45° 정도이다.
· 스템이 베이스로부터 길어서 롤러는 다음 베이스에 위치한다.
· 모근의 볼륨은 거의 없다.

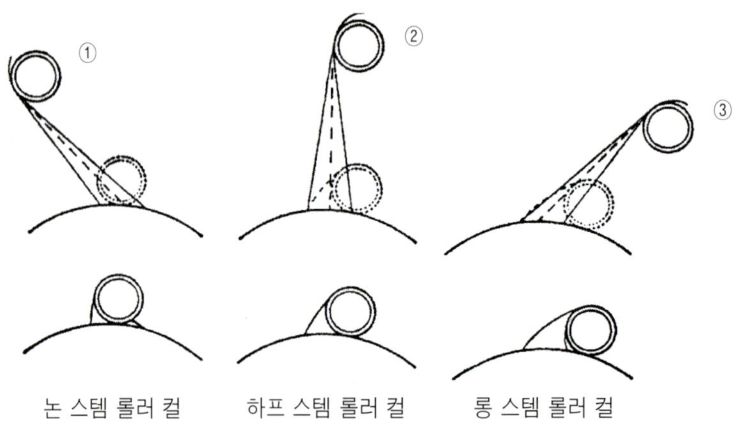

그림 4-3. 롤러 컬의 종류

3) 시술방법

① 헤어스타일의 디자인에 따라 모발의 파트를 나눈 다음 브러싱한다.

② 꼬리 빗을 이용하여 두상을 블로킹하여 섹션 별로 모발을 나누어 핀셋으로 고정시켜 놓는다.

③ 우선 탑 부분의 모발을 선정한 롤러의 지름 크기로 슬라이싱 한다.

④ 우선 탑 부분부터 원하는 모근의 볼륨 정도에 따라 논 스템, 하프 스템, 롱 스템을 선택하여 와인딩한다.

⑤ 크라운 부분과 백 부분을 ③, ④와 같은 방법으로 와인딩한다.

⑥ 양쪽 백-사이드 부분을 ③, ④와 같은 방법으로 와인딩한다.

⑦ 양쪽 사이드 부분을 ③, ④와 같은 방법으로 와인딩한다.

※ 세트 롤러 컬의 시술방법

1

2

3

4

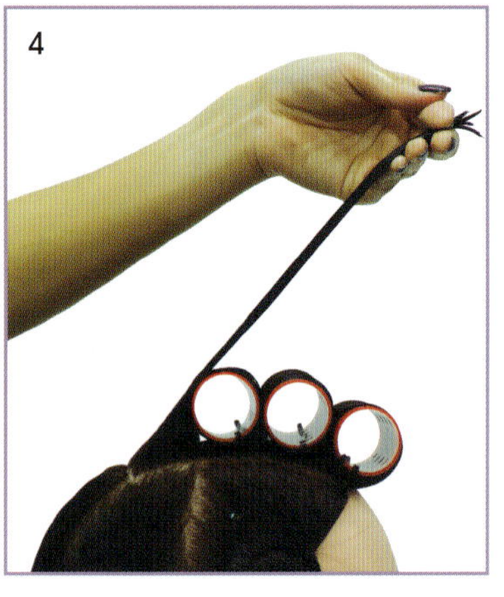

5

6

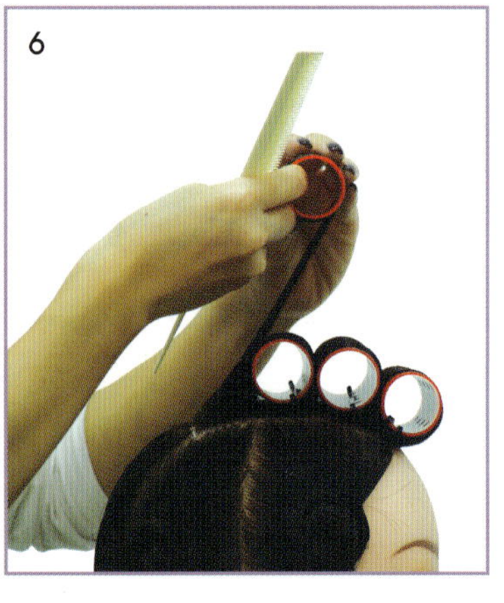

7

8

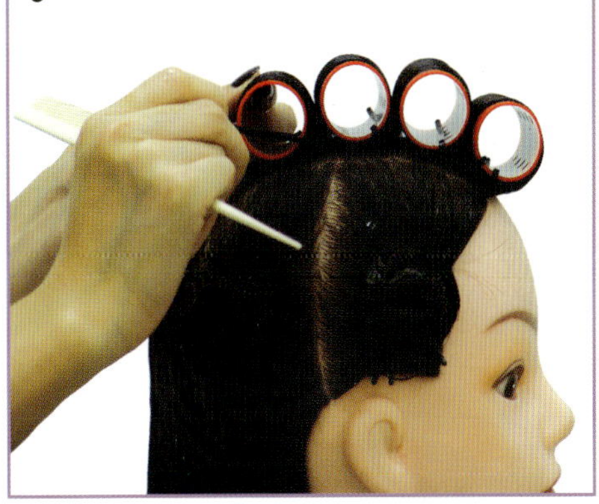

9

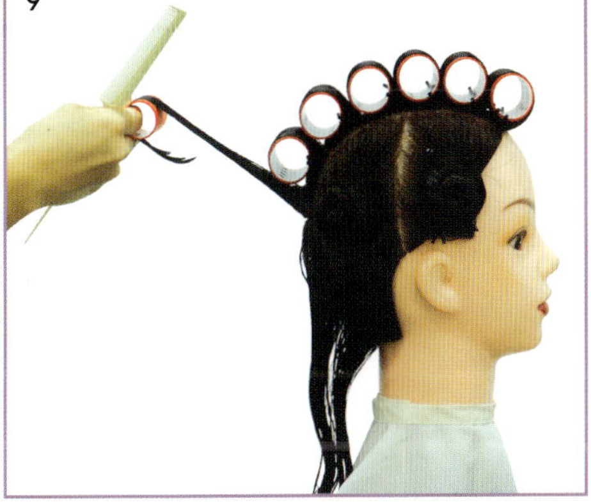

10

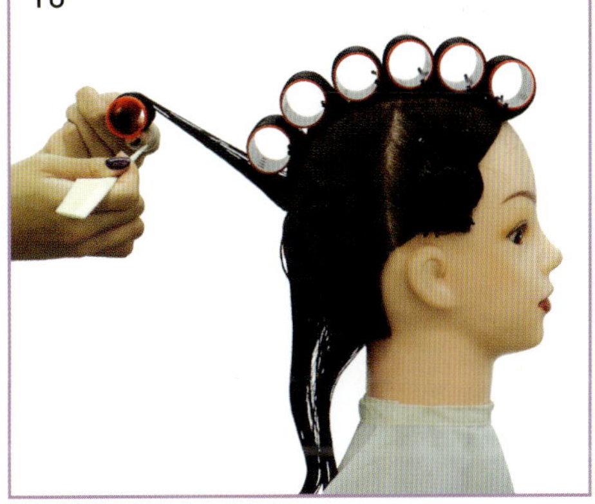

11

12

13

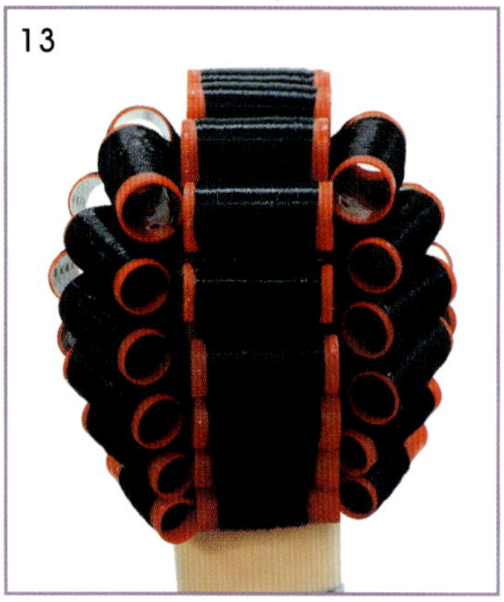

14

15

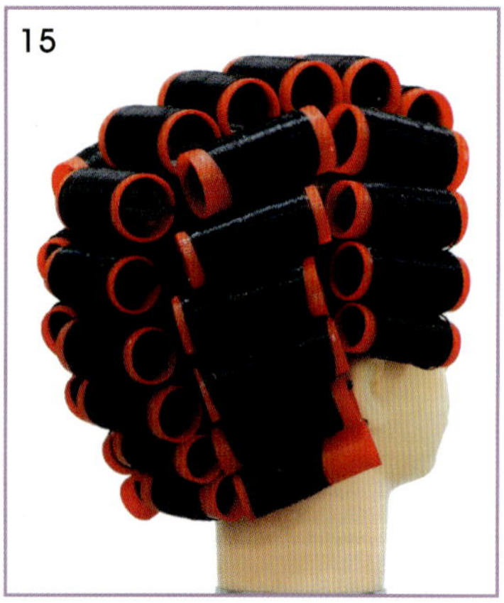

16

▣ 헤어세팅의 시술과정

1. 세트 롤러

① 모발을 전체적으로 브러싱한다.

② 브로킹 6등분을 한다.

③ 탑(top) 부분을 와인딩한다.
(라지 세트 롤러 3개)

④ 백(back) 부분을 와인딩한다.
(라지 세트 롤러 3개, 미디움 세트 롤러 3개, 스몰 세트 롤러 2개)

⑤ 양쪽 백-사이드(back-side) 부분을 와인딩한다.
(라지 세트 롤러 1개, 미디움 세트 롤러 3개, 스몰 세트 롤러 2개)

⑥ 사이드(side) 부분을 와인딩한다.
(라지 세트 롤러 1개, 미디움 세트 롤러 2개, 스몰 세트 롤러 1개)

⑦ 드라이어로 건조시킨다.

⑧ 리세트 해준다.

2. 전기 세팅

① 전기 세팅기에 전원을 켜서 세트 롤러를 뜨겁게 한다.

② 모발을 전체적으로 브러싱한다.

③ 브로킹 6등분을 한다.

④ 세트 롤러는 모발의 길이에 따라 적당한 것으로 선정하여 탑 부분을 와인딩한다.

⑤ 백 부분을 와인딩한다.

⑥ 양쪽 백-사이드 부분을 와인딩한다.

⑦ 사이드 부분을 와인딩한다.

⑧ 세트 롤러의 열이 식을 때 까지 방치시간을 둔다(약 15분 ~ 20분 정도).

⑨ 세트 롤러를 푼 다음 모근에 자국이 남아 있지 않도록 브러싱한다.

⑩ 리세트 해준다.

제5장
브로우 드라이
(blow dry)

제5장 브로우 드라이 (blow dry)

1. 브로우 드라이의 원리

모발을 물에 적시면 모발 내부의 측쇄결합 중 수소결합이 일시적으로 절단되고 건조시키면 다시 재결합이 이루어진다. 이러한 원리를 이용하여 모발이 물에 젖어 수소결합이 끊어진 상태에서 열과 바람을 이용해 수분을 증발시키고 새로운 형태를 잡아 주면서 건조시키면 변형된 형태로 수소결합이 재결합된다.

브로우 드라이는 이러한 모발의 물리적인 특성을 이용한 미용시술의 한 방법으로 드라이어의 뜨거운 열과 바람을 이용하여 롤 브러쉬로 모발의 새로운 형태를 잡아주면서 스트레이트 헤어스타일이나 웨이브 헤어스타일을 완성해 주는 것이다. 이렇게 변화된 모발의 형상은 물에 적시면 본래의 상태로 되돌아가게 된다.

핸드 드라이어의 뜨거운 바람을 이용하여 모발에 일시적인 변화를 주어 헤어스타일을 완성하는 방법은 1960년대 중반부터 급격히 보급되었으며, 여성들의 사회진출과 실용적이고 간편한 커트 스타일이 유행하면서 손쉽고 빠르게 모발을 손질할 수 있다는 이유에서 미용실에서는 물론 가정에서도 누구나 활용할 수 있는 헤어스타일링 방법으로 현재까지 각광 받고 있다.

- 브로우 드라이(blow dry) : 핸드 드라이어와 다양한 크기와 형태의 롤 브러쉬, 덴멘 브러쉬(denman brush) 등을 이용하여 헤어스타일을 완성한다.
- 핑거 드라이(finger dry) : 손가락을 이용하여 방향감을 주면서 헤어스타일을 형성해 가는 것으로 건강한 모발이나 부드러운 모발에 자연스러운 흐름을 줄 때 사용하는 방법이다.
- 램프 드라이(lamp dry) : 적외선램프를 이용해 스타일을 형성시키는 것으로 새로운 형태를 만들기 보다는 헤어트리트먼트의 효과를 높여주거나 퍼머넌트 웨이브 시술 후 모발의 손상을 막기 위한 건조법이다.
- 내츄럴 드라이(natural dry) : 타올로 물기를 닦아 내듯 수분을 제거한 다음 무스나 젤 등의 헤어스타일링제품을 이용하여 자연스러운 스타일로 연출한다.

2. 브로우 드라이와 모발의 손상

건조한 모발은 열에 비교적 강하지만 젖은 모발은 열에 의해 측쇄의 가수분해 또는 케라틴 구조의 변화 등에 의해 손상을 받는다. 특히 화학약품으로 팽윤·연화된 모발에 열을 가하면 케라틴 구조가 변화되어 모표피가 손상되고 모피질의 간충물질이 빠져나가 모발에 치명적인 손상을 입힐 수 있다.

그러므로 샴푸잉 후 타올로 모발의 물기를 잘 닦아 내고 찬바람으로 모발의 수분을 어느 정도 제거한 다음 롤 브러쉬와 드라이어의 뜨거운 바람을 이용하여 드라이를 해주어야 한다.

드라이어의 사용은 모발의 수분을 제거시켜 윤기를 없애고 모발이 건조하게 되어 갈라지는 원인이 되므로 브로우 드라이 시술 전에 반드시 모발 손상 보호제를 도포해 주고 시술 시 모발과 드라이어의 적절한 거리 유지, 올바른 드라이어의 사용으로 모발의 손상을 최소화해야 한다.

그림 5-1. 브로우 드라이에 필요한 도구

3. 브로우 드라이에 필요한 도구

1) 핸드 드라이어(hand dryer)

(1) 핸드 드라이어의 사용법

핸드 드라이어는 핸들, 노즐, 스몰 팬, 모터, 바람조절기의 구조를 갖고 있으며 핸드 드라이어를 쥐는 방법으로는 손잡이를 잡는 방법과 노즐 윗부분을 잡는 방법이 있다.

손잡이를 잡는 방법은 가장 전통적인 방법으로 모발의 건조, 나선형의 컬 형성, 스트레이트 스타일 시술 시 사용된다. 드라이어의 무게와 어깨와 모발의 수평 유지로 인해 어깨에 힘이 많이 가해져 쉽게 지칠 수 있지만 처음 기술을 배울 때에는 이 방법으로 익숙하게 익힌 다음 노즐 윗부분을 잡는 방법을 사용하는 것이 더 정확한 헤어스타일을 만드는데 도움이 된다.

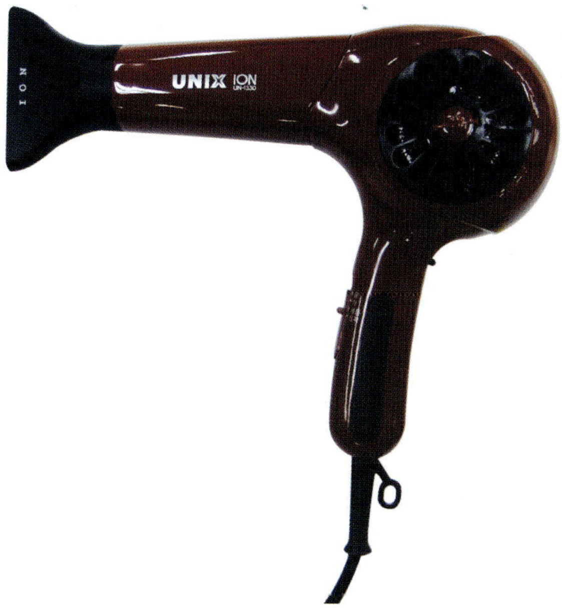

그림 5-2. 핸드 드라이어

노즐 윗부분을 잡는 방법은 핸드 드라이어의 사용이 충분히 익숙해진 후에 사용하는 것이 좋으며 어깨와 손가락에 무리가 적어 직접적으로 뜨거운 바람을 모발에 적용할 수 있으므로 미용실에서 선호하는 방법이다. 정교한 컬의 형성, 모발 흐름의 전환, 결이 가지런한 스트레이트 스타일의 형성 등에 적합하지만 노즐을 잡고 있는 손가락에 열이 많이 전해져 간혹 화상을 입을 수 있으므로 주의해야 한다.

시술자와 고객과의 거리는 25~30cm 정도를 유지하여야 하며 시술자의 어깨, 등, 팔, 손목 등에 강한 자극을 주게 되므로 균형 잡힌 곧은 자세로 작업에 임하는 것이 중요하다.

(2) 핸드 드라이어의 사용 시 주의사항

① 드라이어의 바람이 나오는 출구가 고객의 두피, 얼굴, 목으로 향하지 않게 한다.

② 드라이어의 코드가 고객의 어깨나 얼굴에 닿지 않도록 한다.
③ 롤 브러쉬에 감긴 머리카락에 드라이어의 뜨거운 바람이 나오는 출구를 수직으로 밀착시키지 않는다.
④ 시술 시 두피에 열이 너무 가까이 닿지 않게 한다.
⑤ 팬에 머리카락이 빨려 들어갈 우려가 있으므로 주의한다.
⑥ 필터에 먼지가 끼지 않도록 보관에 주의하며 정기적으로 먼지나 이물질을 제거해야 한다.

2) 롤 브러쉬(roll brush)

(1) 롤 브러쉬의 사용법

롤 브러쉬는 방향성을 표현하고자 할 때, 모발에 웨이브를 형성하고자 할 때, 곱슬머리를 스트레이트로 펴 주거나 푸석한 모발에 윤기를 주고 싶을 때 드라이어의 뜨거운 바람과 차가운 바람을 적절하게 조절해 가면서 헤어스타일을 정확하고 빠르게 표현할 수 있다.

그림 5-3. 롤 브러쉬

롤 브러쉬의 막대 부분을 엄지를 아래로 하고 네 손가락을 둥글게 위로 하여 가볍게 쥔다. 원하는 모근의 볼륨에 따라 스트랜드의 각도는 논 스템, 하프 스템, 롱 스템으로 하여 롤 브러쉬를 모근에 아래쪽에 대고 롤을 돌리면서 머리카락을 감아준다.

(2) 섹션에 따른 웨이브의 형상

① 호리존털 웨이브 : 수평 섹션으로 드라이 했을 때 웨이브의 리지가 수평으로 형성된다. 모근 부분에 볼륨이 있고 웨이브에 탄력이 있다.

② 다이애고널 웨이브(diagonal wave) : 사선 섹션으로 드라이 했을 때 웨이브의 리지가 사선으로 형성된다. 웨이브가 자연스럽게 연결된다.

③ 버티컬 웨이브 : 수직 섹션으로 드라이 했을 때 웨이브의 리지가 수직으로 형성된다. 모발 전체에 균등한 크기의 웨이브가 형성된다.

그림 5-4. 섹션에 따른 웨이브의 형상

(3) 롤 브러쉬의 종류

① 돈모

- 스트레이트 스타일 시술 시에 머리카락이 돈모에 감기는 텐션에 의해 모발을 가지런하게 펴주므로 머리카락이 매끄럽고 윤기가 나게 한다.
- 길이가 긴 모발, 뻣뻣하고 거친 모발도 잘 엉키지 않아 스타일링하기에 편하다.
- 처음 사용 시에는 돈모가 뻣뻣하여 머리카락이 엉킬 수 있고 자극을 낼 수도 있으나 길을 들이면 더욱 더 효과적으로 스타일링을 할 수 있다.
- 브러쉬의 수명이 길고 브로우 드라이 시술 시 정전기가 잘 생기지 않는다.
- 빗살이 촘촘하여 시술 시간이 길고 와인딩하기에 힘들지만 컬이 탄력이 있고 선명하게 형성되므로 자연스럽고 부드러운 웨이브를 연출할 수 있다.

② 나일론모

- 빗살의 간격이 넓어 섹션의 폭을 많이 잡을 수 있어 빠른 시간에 시술을 마칠 수 있다.
- 퍼머넌트 웨이브 스타일의 마무리 시 웨이브에 크게 영향을 주지 않으면서 프론트 라인에 자연스러운 볼륨을 줄 수 있다.
- 스트레이트 퍼머넌트 시술 후 스트레이트의 효과를 지속하기 위한 짧은 시간 내에 적은 텐션을 주는 테크닉에 알맞다.
- 정교한 스타일 연출은 어렵고 모발에 윤기를 많이 낼 수 없다.
- 빗살의 간격이 커 모발이 잘 엉킬 수 있으므로 숙련된 테크닉이 필요하다.

③ 돈모+나일론모

- 빗살의 재질은 돈모의 비율이 커서 돈모 쪽의 성격이 강하나 빗살을 길들이기가 돈모보다 쉽다.
- 두가지 재질의 장점을 활용하는 것으로 돈모 사이에 섞인 나일론모가 컬을 형성할 때 와인딩하기 어려운 돈모의 단점을 보완해 준다.
- 시술 시간을 단축시켜 주고 정전기의 발생을 어느 정도 억제시켜 준다.

④ 금속성

- 몸체와 빗살이 모두 금속성으로 되어 있어 드라이어의 열이 오래 유지되어 시술 시간을 단축시키며 컬이 탄력 있게 형성된다.
- 열 조절을 잘못하여 브러쉬가 달구어져 시술자의 손과 고객의 두피에 화상을 입힐 수 있고 모발을 손상시킬 수 있다.

4. 브로우 드라이 시술방법

브로우 드라이 시술방법은 스트레이트 헤어스타일과 웨이브 헤어스타일에 따라 다르며, 스트레이트 헤어스타일의 경우 모선의 형태가 어떻게 형성되었는지에 따라 안말음(in curl), 겉말음(out curl), 직선형으로 분류된다.

1) 스트레이트 헤어스타일

윤기가 흐르는 매끈한 머릿결은 동·서양을 막론하고 모든 여성들의 꿈이며 직모를 거의 찾아 볼 수 없는 백인여성과 흑인여성, 곱슬머리를 갖고 있는 황인종의 여성들에게 스트레이트 헤어스타일은 동경의 대상이다.

동양 여성들의 경우 숱이 적은 직모의 경우, 퍼머넌트 웨이브를 자연스럽게 한 다음 브로우 드라이로 볼륨감 있는 스트레이트 스타일을 연출할 수 있으며 일반적인 직모의 경우에도 자연 상태로 모발을 건조시키는 것보다 브로우 드라이를 하면 보다 매끄럽고 윤이 나는 볼륨감 있는 스트레이트 스타일을 완성할 수 있다. 플랫 아이론의 개발로 스트레이트 헤어스타일을 보다 빠르고 쉽게 연출할 수 있게 되었다.

스트레이트 헤어스타일의 연출은 모선 끝의 형상에 따라 다른 이미지를 연출하게 되는데 모선 끝이 안으로 둥글게 말린 안말음 브로우 드라이 기법의 헤어스타일은 부드럽고 깔끔한 이미지를 연출할 수 있고 가르마의 위치에 따라 다양하게 이미지를 변화시킬 수 있는 헤어스타일이다. 모선 끝이 바깥쪽을 향한 겉말음 브로우 드라이 기법의 헤어스타일은 세련되고 지적인 이미지를 연출할 수 있으나 나이가 들어 보이는 단점이 있으며 능력 있는 커리어 우먼의 이미지를 연출할 수 있는 헤어스타일이다.

① 네이프 부분부터 나누어 시술하되 모발이 건조되면서 섹션된 부분의 모발이 갈라질 수 있으므로 브로킹은 하지 않고 주변의 모발에 의해 방해받지 않을 정도로 드라잉하는 섹션의 모발만을 핀셋으로 고정한다.

② 모근의 자극 방지를 위해 이전에 드라잉한 스트랜드의 머릿단을 조금씩 합쳐서 슬라이싱하여 드라잉한다(시술순서는 시술자에 따라 다르나 일반적으로 네이프 → 양쪽 백-사이드 → 사이드 → 탑의 순서로 한다).

③ 스트랜드의 각도를 논 스템으로 들어 주어 두피로 부터 1~1.5cm 떨어진 모근 부분에 롤 브러쉬를 위치시킨다. 베이스의 폭은 선정된 롤 브러쉬의 직경 정도로 슬라이싱한다. 머리 숱이 적거나 볼륨을 많이 주고 싶을 때는 베이스의 폭을 작게 잡는다.

④ 롤 브러쉬를 두피쪽으로 회전하여 모발을 감아 준 다음 모근에 볼륨을 주기 위해 드라이어의 열을 가한다. 롤 브러쉬의 회전 시 스트랜드에 일정한 텐션을 주면서 드라잉을 해야 탄력 있는 결과를 얻을 수 있다.

⑤ 롤 브러쉬를 회전하면서 각도를 유지하여 끌어 올려주면서 모근 부위를 드라잉한다.

⑥ 모중간 부분은 스트랜드의 각도를 하프 스템 정도로 내려 주고 동일 구간을 2~3회 반복하여 시술한다.

⑦ 모선 끝으로 가면서 스트랜드의 각도를 서서히 낮추어 주면서 동일 구간을 2~3회 반복하여 시술한다.

⑧ 모선 끝이 롤 브러쉬에 닿은 상태에서 계속 회전시키면서 드라이어의 열을 가해 준다. 안말음과 겉말음의 시술시 컬의 형성이 부족할 경우 모발이나 롤 브러쉬에 물스프레이를 한 다음 다시 시술해 준다.

- 직선형 : 모선 끝이 롤 브러쉬에 닿은 상태에서 직선상으로 회전시키면서 드라이어의 열을 가한 다음 롤 브러쉬를 회전시키면서 빼준다.
- 안말음 : 스트랜드의 안쪽으로 모선 끝을 롤 브러쉬에 한 바퀴 감은 상태에서 뜨거운 바람과 찬바람을 교대로 이용하여 컬을 형성시킨 다음 롤 브러쉬를 회전시키면서 빼준다.
- 겉말음 : 안말음 방법으로 시술하되 컬이 완전히 형성되지 않은 상태에서 스트랜드의 바깥쪽으로 모선 끝을 롤 브러쉬에 한바퀴 감은 상태에서 뜨거운 바람과 찬바람을 교대로 이용하여 컬을 형성시킨 다음 롤 브러쉬를 회전시키면서 빼준다.

⑨ 탑 부분과 사이드 부분의 시술 시 가마와 귀바퀴 부분의 모발에 선천적인 모류의 방향성이 강할 경우에는 우선 모근 부분의 방향을 잡아주고 난 다음 시술해야 한다.

※ 브로우 드라이 시술방법(안말음)

1

2

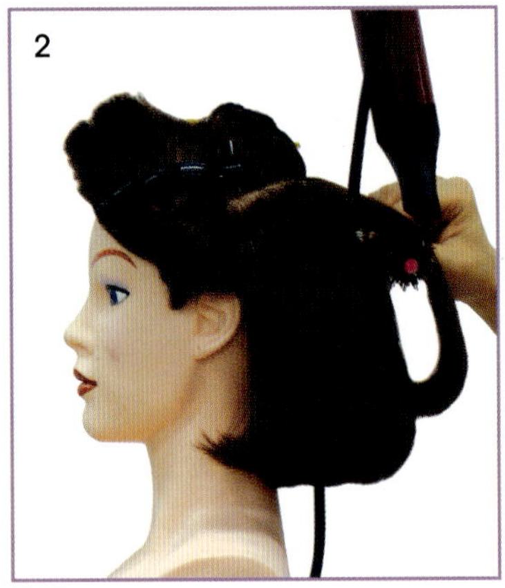

3

4

5

6

7

8

9

10

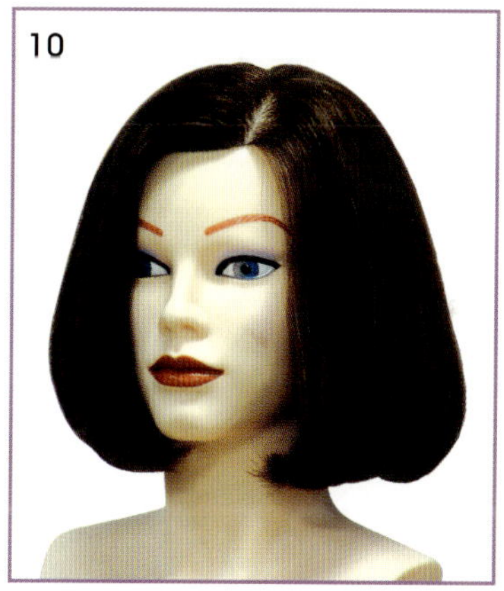

11

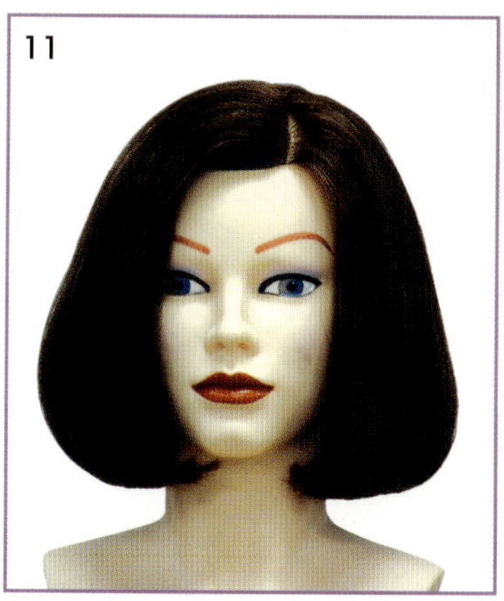

12

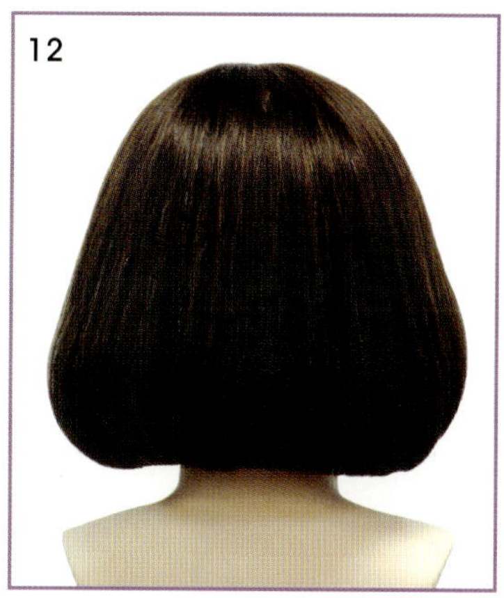

※ 브로우 드라이 시술방법(겉말음)

1

2

3

4

5

6

7

8

9

10

11

12

13

2) 웨이브 헤어스타일

나선처럼 모발에 컬을 형성한 다음 리세트 방법에 따라 다양한 이미지를 연출할 수 있으며, 여성스럽고 우아한 헤어스타일이다.

① 네이프 → 백 → 크라운 → 양쪽 사이드 → 탑의 순서로 시술한다.

② 롤 브러쉬는 직경이 작은 것으로 선정한다. 베이스의 가로 폭은 롤 브러쉬의 직경 크기 정도로 잡고 베이스의 세로 폭은 디자인에 따라 결정하되 세로의 장방형 베이스로 슬라이싱한다.

③ 우선 스트랜드에 롤 브러쉬를 사선 또는 세로로 위치시켜 스트레이트 브로우 드라이 테크닉으로 가볍게 형태를 잡은 다음 스트랜드의 모선 끝에 롤 브러쉬를 사선 또는 세로로 위치시킨다. 이 때 모발이 완전히 건조되면 컬이 형성되지 않으므로 어느 정도 젖은 상태를 유지하고 있어야 한다.

④ 스트랜드를 나선형으로 롤 브러쉬에 감은 다음 드라이어의 뜨거운 바람과 찬바람을 교대로 이용하여 컬을 형성시킨다. 여러 개의 롤 브러쉬를 사용하여 쿨링 타임(cooling time) 동안에 다음 베이스의 스트랜드를 연이어 시술함으로써 컬의 탄력성을 높혀 웨이브의 형성을 뚜렷하게 해준다.

⑤ 크라운 부분은 호형베이스 또는 삼각형베이스로 슬라이싱한다.

⑥ 손가락, 브러쉬, 꼬리 빗 등을 이용하여 리세트 해준다.

※ 브로우 드라이 시술방법(웨이브)

1

2

3

4

5

6

7

8

9

10

11

12

13

14

15

16

17

18

■ 브로우 드라이 시술과정

1. 직선형

① 모발을 샴푸잉 한 다음 타올로 물기를 닦아낸다.

② 찬바람을 이용하여 모발 전체의 수분을 어느 정도 제거해 준다.

③ 굵은 빗으로 머릿결을 가지런하게 빗어 준다.

④ 백 부분을 네이프 부분부터 드라이잉한다.

⑤ 양쪽 백-사이드 부분을 드라잉한다.

⑥ 사이드 부분을 드라잉한다.

⑦ 탑 부분을 드라잉한다.

⑧ 전체적인 균형과 조화를 이루도록 헤어스타일을 마무리 해준다.

⑨ 헤어스타일링 제품을 이용하여 헤어스타일을 고정시켜 준다.

2. 안말음

① 모발을 샴푸잉 한 다음 타올로 물기를 닦아낸다.

② 찬바람을 이용하여 모발 전체의 수분을 어느 정도 제거해 준다.

③ 굵은 빗으로 머릿결을 가지런하게 빗어 준다.

④ 백 부분을 네이프 부분부터 드라잉한다.

⑤ 양쪽 백-사이드 부분을 드라이잉한다.

⑥ 사이드 부분을 드라이잉한다.

⑦ 탑 부분을 드라이잉한다.

⑧ 전체적인 균형과 조화를 이루도록 헤어스타일을 마무리 해준다.

⑨ 헤어스타일링 제품을 이용하여 헤어스타일을 고정시켜 준다.

3. 겉말음

① 모발을 샴푸잉 한 다음 타올로 물기를 닦아낸다.

② 찬바람을 이용하여 모발 전체의 수분을 어느 정도 제거해 준다.

③ 굵은 빗으로 머릿결을 가지런하게 빗어 준다.

④ 백 부분을 네이프 부분부터 드라잉한다.

⑤ 양쪽 백-사이드 부분을 드라이잉한다.

⑥ 사이드 부분을 드라이잉한다.

⑦ 탑 부분을 드라이잉한다.

⑧ 전체적인 균형과 조화를 이루도록 헤어스타일을 마무리 해준다.

⑨ 헤어스타일링 제품을 이용하여 헤어스타일을 고정시켜 준다.

4. 웨이브

① 모발을 샴푸잉 한 다음 타올로 물기를 닦아낸다.

② 찬바람을 이용하여 모발 전체의 수분을 어느 정도 제거해 준다.

③ 굵은 빗으로 머릿결을 가지런하게 빗어 준다.

④ 백 부분을 네이프 부분부터 드라이잉한다. 버티컬 섹션의 스트랜드를 가볍게 스트레이트 브로우 드라이 기법으로 형태를 잡아준다.

⑤ 같은 스트랜드를 모선 끝에서부터 세로로 롤 브러쉬에 감아 뜨거운 바람과 찬바람을 교대로 이용하여 컬을 형성시킨다.

⑥ 쿨링 타임 동안 2~3개 ④, ⑤와 같은 방법으로 시술해 놓는다.

⑦ 모발의 열이 식은 롤 브러쉬의 스트랜드를 손가락으로 돌돌 말아가면서 풀어준다.

⑧ 한 블록이 다 끝나면, 윗부분의 섹션을 내려 위와 같은 방법으로 시술해 준다.

⑨ 크라운 부분은 호형베이스 또는 삼각형베이스로 슬라이싱하여 같은 방법으로 시술해 준다.

⑩ 사이드 부분을 ⑤, ⑥, ⑦, ⑧과 같은 방법으로 시술해 준다.

⑪ 탑 부분을 ⑤, ⑥, ⑦, ⑧과 같은 방법으로 시술해 준다. 탑 부분의 모발이 짧은 경우에는 디자인에 따라 적합한 스타일로 마무리해 준다.

⑫ 손가락, 브러쉬, 꼬리 빗 등을 이용하여 리세트 해준다.

⑬ 헤어스타일링 제품을 이용하여 헤어스타일을 고정시켜 준다.

제6장
헤어 아이론
(hair iron)

제6장 헤어 아이론 (hair iron)

헤어 아이론의 열에 의해서 일시적으로 모발의 분자구조에 변화를 주어 웨이브를 형성하는 일시적인 헤어세팅 기법으로 미용기술의 한 방법이다. 고온의 열을 이용하기 때문에 모발을 손상시킬 수 있으므로 각별한 주의가 필요하다.

헤어 아이론은 작동 방식에 따라 스토브로 가열하는 전통적인 스토브 헤어 아이론, 전기로 가열하는 전기 헤어 아이론, 전기로 가열·증발시키는 증발식 전열 헤어 아이론 등이 있으나 현재에는 주로 전기 헤어 아이론과 전기 플랫 아이론을 사용한다.

1. 헤어 아이론의 사용방법

1) 헤어 아이론의 각부 명칭과 기능

아이론은 컬과 웨이브를 만드는데 있어 일정한 온도를 유지해야 하기 때문에 좋은 재질로 만들어져야 한다. 또한 매우 뜨거운 열을 이용하므로 화학 처리된 모발이나 젖은 모발에 사용하면 심각한 손상을 줄 수 있고 시술자와 고객이 화상을 입을 수 있으므로 세심한 주의가 필요하다.

손질방법은 그루브와 프롱을 부드러운 천으로 깨끗이 닦아 보관하고 스타일링제품이나 머리카락이 눌어붙어 있는 경우에는 아이론이 따뜻한 상태에서 우선 천으로 닦아 준 다음 중성세제를 묻힌 천으로 닦아낸다.

① 그루브(groove) : 셸(shell)이라고도 하며, 홈이 파인 부분으로 모발의 필요한 부분을 나눠 잡거나 모발을 사이에 끼워 고정시킨다.
② 프롱(prong) : 로드(rod)라고도 하며, 끝이 약간 무디게 뾰죽한 형태로 머리카락을 감아 눌러 준다.
③ 핸들(handle) : 그루브와 프롱에 연결되어 있는 손잡이 부분이다.

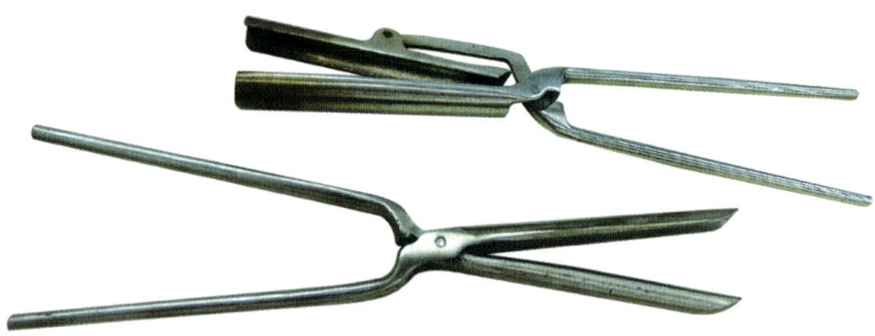

그림 6-1. 마셀 아이론

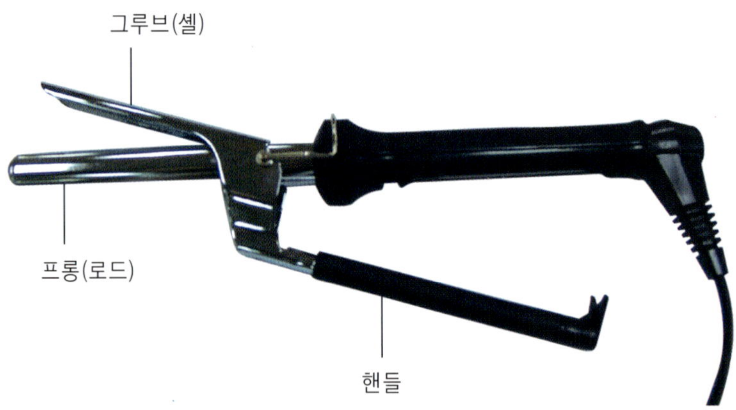

그림 6-2. 전기 헤어 아이론

2) 헤어 아이론의 온도

헤어 아이론은 온도가 균일하지 않으면 웨이브가 일률적으로 나오지 않게 되므로 항상 적당한 온도를 유지하도록 하는 것이 중요하며 헤어 아이론의 온도는 120°~140°가 적당하다. 객관적인 온도 측정을 위하여 종이나 티슈를 5초 정도 잡았다가 놓았을 때 눌어붙거나 색이 변한다면 온도가 지나치게 과열된 것이므로 물에 적신 수건 등으로 약간 식혀서 사용하고 조절기의 온도를 낮추어 준다.

헤어 아이론은 적당한 낮은 온도로 반복해서 시술하는 것이 모발에 안전하며 웨이브도 오래 유지될 수 있다. 굵은 모발이 가는 모발보다 열에 더 잘 견디며, 가늘고 부드러운 모발이나 염색모발의 경우에는 정상모보다 열에 약하므로 온도를 조금 낮추어 사용하는 것이 모발손상을 막을 수 있다.

3) 헤어 아이론 핸들 쥐는 방법과 회전방법

(1) 핸들 쥐는 방법

아이론을 잡는 방법은 시술자의 기호에 따를 수 있으나 핸들을 쥘 때에는 아이론 각부의 역할에 맞도록 그루브가 위쪽에 놓여 지도록 잡는다. 오른손의 엄지와 검지 사이로 프롱 핸들을 잡고 중지와 약지는 그루브 핸들을 감싸고 약지의 제 3관절과 새끼손가락에 끼워서 쥔다. 헤어 아이론의 개폐는 새끼손가락을 이용한다. 웨이브의 방향에 따라 리지를 선명하게 만들기 위해 핸들 쥐는 방법은 프롱이 위쪽에 놓여 지도록 잡기도 하고 그루브가 위쪽에 놓여 지도록 잡기도 한다.

(2) 회전방법

손등을 수평하게 유지하면서 손바닥과 손가락으로 헤어 아이론의 회전과 개폐를 동시에 한다. 그루브와 핸들을 손바닥 안에서 180° 회전시키면 그루브와 프롱의 위치가 상·하로 바뀌면서 반복적인 헤어 아이론의 회전과 함께 컬이 형성된다.

4) 헤어 아이론과 빗과의 관계

모든 미용시술에 있어 빗은 가장 기초적이고 중요한 도구이며, 빗에 의해 가지런히 빗겨진 모발에 적당한 텐션과 쉐이핑이 기초가 되어야 모든 헤어스타일의 디자인을 완벽하게 형상화시킬 수 있다. 특히 마셀 웨이브를 형성시키기 위해서는 무엇 보다 헤어 아이론의 올바른 조작을 토대로 정확한 빗의 움직임이 필요하다. 빗이 정확하게 모발의 흐름을 유도해 주어야 아이론의 조작이 효과적으로 이루어져 원하는 웨이브를 형성할 수 있다.

(1) 마셀 웨이브 시술 시 빗의 역할

① 머릿결을 가지런하게 정돈한다.
② 모발을 웨이브의 방향에 따라 유도한다.
③ 웨이브의 폭을 균등하게 하기 위한 척도가 된다.
④ 모발이 흩어지거나 날리는 것을 방지한다.

(2) 빗의 사용 시 주의사항

① 열에 대한 내열성이 있으며, 단단한 재질의 것을 선정한다.
② 모발의 성질과 상태 등에 따라 굵은 빗살과 가는 빗살의 빗을 선정한다.
③ 빗은 모발의 방향과 스트랜드의 면에 각각 직각(수직)이 되도록 한다.
④ 빗은 헤어 아이론의 조작과 함께 항상 웨이브의 방향에 따라 모발을 오른쪽이나 왼쪽으로 모발을 유도해 주어야 한다.
⑤ 빗과 헤어 아이론의 움직임은 항상 동시에 이루어지도록 접근시켜서 조작한다.

2. 헤어 아이론 시술방법

1) 스파이럴 컬(spiral curl)

서양에서 여성의 헤어스타일을 구상하는데 있어 컬과 웨이브는 기본적이고 필수적인 것이었으며, 마셀에 의해 기구가 고안되기 이전에는 스파이컬 컬은 뜨거운 기구에 나선형으로 모발을 감아 컬을 형성하는 방법으로 가발 또는 직접 사람들의 모발에 많이 사용되었다. 컬의 형태 그대로를 이용하기도 하고 디자인에 따라 여러 가지 스타일로 표현할 수 있다. 스파이럴 컬을 이용한 대표적인 헤어스타일은 바로크시대의 위를루 베를루 스타일과 낭만주의 시대에 유행하던 앙글레즈 스타일에서 찾아 볼 수 있다.

① 논 스템으로 모근에 볼륨을 준 다음 스트랜드 전체를 안말음 형태로 아이론해준다. 모발에 자국이 나지 않도록 프롱을 돌리면서 그루브를 닫아 주어야 한다.

② 컬링 할 디자인의 위치에 프롱을 대고 아이론의 끝 부분 방향으로 스트랜드가 감기도록 하여 모발과 아이론을 동시에 한 바퀴 회전시킨다. 그루브

그림 6-3. 스파이럴 컬

와 프롱의 방향은 디자인에 따라 수직방향, 사선방향으로 하여 스프랜드를 와인딩할 수 있다.

③ 스트랜드의 남은 부분을 헤어 아이론의 핸들쪽으로 감으면서 모발과 아이론을 동시에 한 바퀴 회전시켜 주고 같은 방법으로 회전을 반복해준다. 이때, 아이론에 감겨진 모발 사이로 남아 있는 모선 부분의 스트랜드가 위치하게 된다.

④ 아이론에 감겨진 모발이 너무 조여졌을 경우 핸들을 조금씩 움직여 아이론을 열었다, 닫았다 하면서 회전 방향의 반대로 돌렸다, 다시 회전시켰다 하면 컬의 감긴 상태가 느슨해지고 컬의 굵기도 조정할 수 있다.

⑤ 나선형으로 감겨진 컬에서 아이론을 뺄 때에는 그루브와 프롱을 열었다, 닫았다 하면서 서서히 빼준다.

⑥ 스파이럴 컬 자체로 스타일을 연출하거나 리세트를 해서 여러 가지 형태의 헤어스타일을 연출한다.

2) 마셀 웨이브

프랑스의 마르셀 그라또우(Marcel Grateau)가 컬과 웨이브를 형성하기 위한 새로운 열기구를 창안하여 1875년경에 발표하였는데 이 기구에 의해 만들어진 S자 곡선의 웨이브를 마셀 웨이브라고 한다. 마셀 웨이브의 특징은 자연스럽고 부드러운 웨이브의 형성이며, 균등한 폭을 갖고 있어 웨이브의 흐름이 규칙적

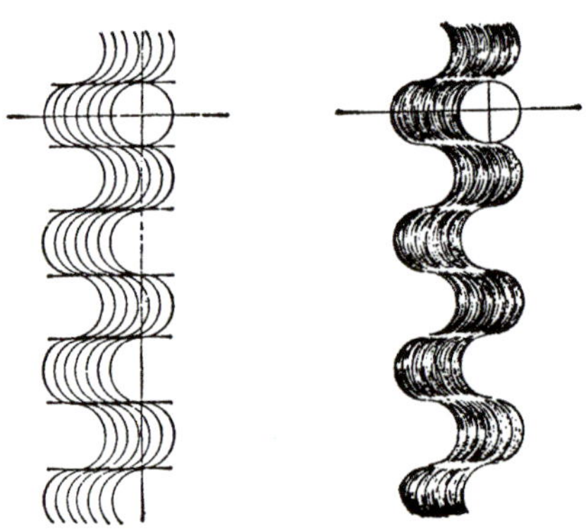

그림 6-4. 마셀 웨이브의 형상

인 파상으로 연속되어 있다.

① 전기 헤어 아이론의 전원을 켠 다음 완전히 건조된 모발에 시술하여야 하며, 충분히 브러싱하여 모발을 가지런히 해 놓고 웨이브를 만들려는 스트랜드의 모근에서 부터 3~4cm 되는 지점을 적당한 두께로 잡는다.

② 아이론의 그루브를 스트랜드의 모근 부분에 넣어 빗으로 모발을 잡은 곳에 위치시킨다. 이 때, 아이론은 열려진 상태로 두면서 스트랜드와 아이론은 반드시 수식을 이루도록 해서 그루브의 끝을 스트랜드보다 2cm 정도 나오도록 한다. 빗의 위치는 아이론의 바로 앞에 아이론과 함께 움직일 수 있을 만큼 접근시켜서 평행하게 한다.

③ 이어서 아이론은 반대쪽으로 45° 각도를 이루도록 하고 빗은 왼쪽(웨이브의 흐름에 의한 방향 쪽)으로 당긴다.

④ 45°로 모발이 끼워져 있는 아이론을 앞쪽(시술자 쪽)으로 당겨 모발을 감아주면서 1회전 시킨다. 이 때, 빗은 아이론의 회전과 동시에 원 위치로 되돌린다.

⑤ 아이론을 원위치로 되돌린다. 아이론과 빗과의 간격은 아이론의 직경만큼 유지한다.

⑥ 리지를 넘어서 아이론을 움직여 앞쪽으로 45° 각도를 이루도록 한다.

⑦ ⑤의 시술로 모발에 만들어진 그루브의 선을 바로 대고 빗을 오른쪽으로 잡아당기는 듯 모발을 단단하게 끼워서 앞으로 반회전시킨다. 이 때, 빗과 아이론의 간격이 벌어지지 않도록 빗도 동시에 앞쪽으로 빗어 내린다.

⑧ 아이론과 빗을 함께 원위치로 되돌린다.

⑨ 이어서 다음 커브가 이루어지는 지점에 반대 방향으로 웨이브를 만들기 위해서 ③에서 ⑦까지의 시술을 반복한다. 단, 아이론 및 빗을 당기는 방향은 웨이브의 흐름에 따라 반대 방향으로 해준다.

이와 같은 순서로 연결시키면 부드러운 S자형 웨이브의 형상이 모발에 만들어진다. 웨이브가 만들어진 모발을 빗질할 때에는 웨이브가 흩트러지지 않도록 왼손의 중지와 검지로 웨이브의 선을 꼭 갖추고 세심하게 누르면서 하나하나를 주의 깊게 빗질한다. 마셀 웨이브의 형성은 핑거 웨이브의 형성과 비슷하므로 시술 방법을 참고하면 좋은 결과를 얻을 수 있다.

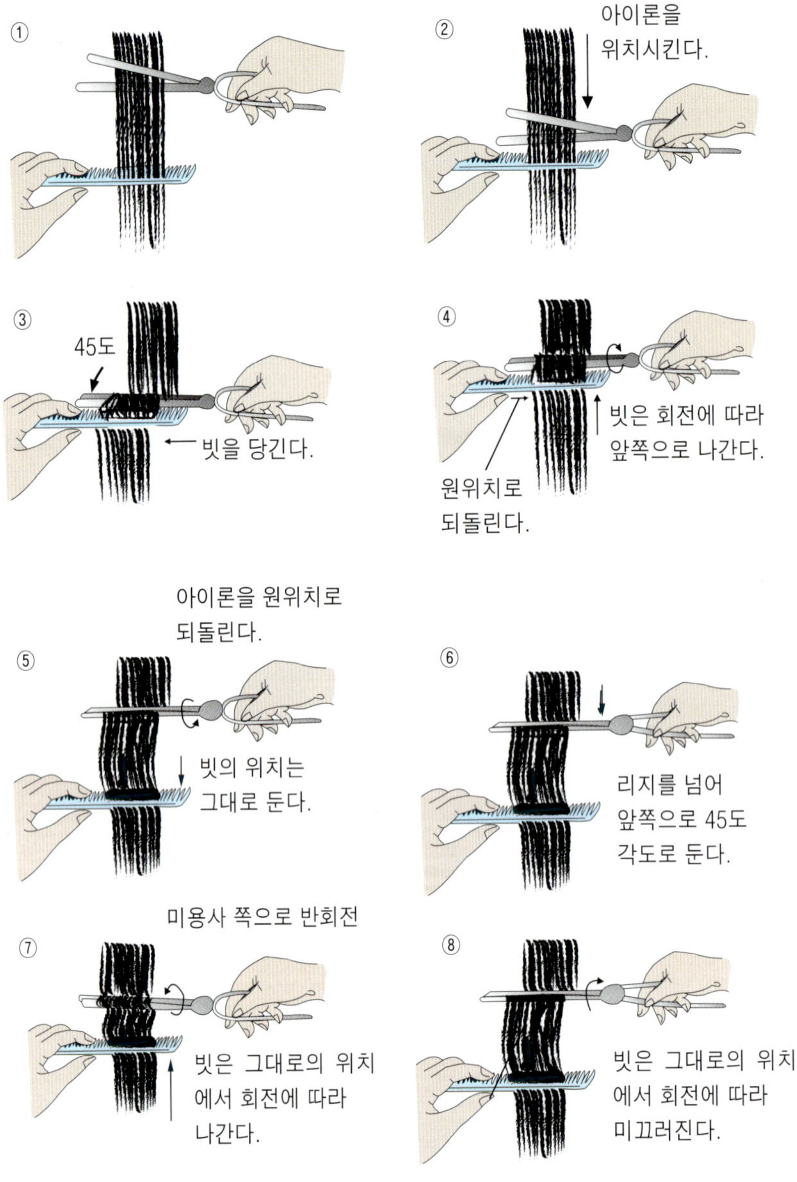

그림 6-5. 마셀 웨이브의 시술방법

※ 전기 헤어 아이론 시술과정(스파이럴 컬)

① 완전히 건조된 모발에 시술해야 한다.

② 브러싱하여 머릿결을 가지런하게 빗어 준다.

③ 백 부분을 네이프 부분부터 버티컬 섹션으로 베이스를 잡고 스트랜드를 안말음 형태로 아이론해 준다.

④ 같은 스트랜드에 프롱을 대고 아이론의 끝부분 방향으로 스트랜드가 감기도록 하여 모발과 아이론을 같이 한 바퀴 회전시킨다.

⑤ 스트랜드의 남은 부분을 헤어 아이론의 핸들 쪽으로 감으면서 모발과 아이론을 같이 한 바퀴 회전시켜 주고 같은 방법으로 회전을 반복해준다.

⑥ 나선형으로 감겨진 컬에서 아이론을 뺀다.

⑦ 한 블록이 다 끝나면, 윗부분의 섹션을 내려 위와 같은 방법으로 시술해 준다.

⑧ 크라운 부분은 호형베이스 또는 삼각형베이스로 슬라이싱하여 같은 방법으로 시술해 준다.

⑨ 사이드 부분을 ③, ④, ⑤, ⑥과 같은 방법으로 시술해 준다.

⑩ 탑 부분을 ③, ④, ⑤, ⑥과 같은 방법으로 시술해 준다. 탑 부분의 모발이 짧은 경우에는 디자인에 따라 적합한 스타일로 마무리해 준다.

⑪ 손가락, 브러쉬, 세팅 빗, 꼬리 빗 등을 이용하여 리세트 해준다.

⑫ 헤어스타일링 제품을 이용하여 헤어스타일을 고정시켜 준다.

※ 플랫 아이론 시술방법(웨이브)

1

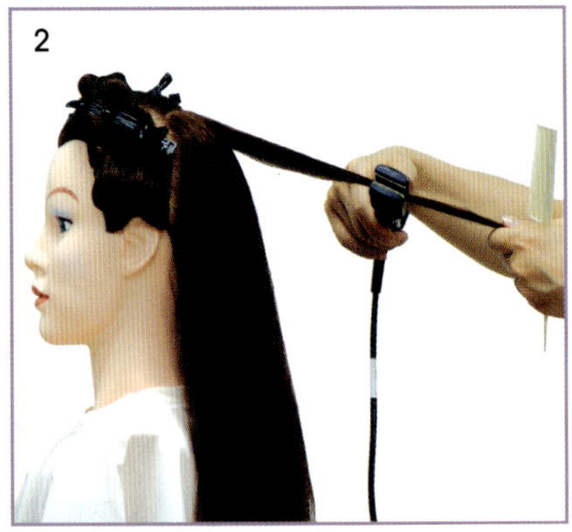
2

3

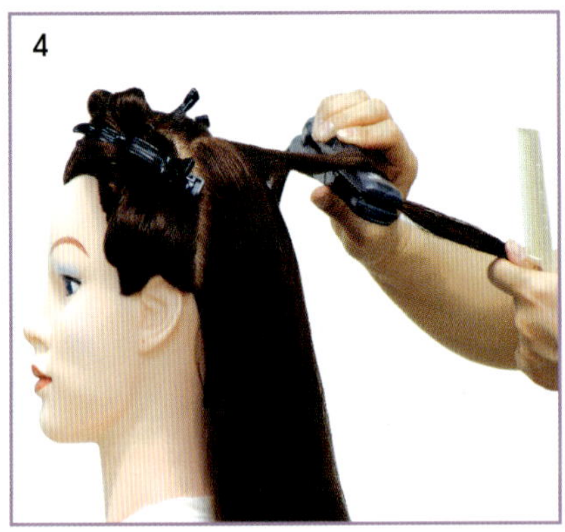
4

5

헤어세팅 이론 및 실습

2008년 12월 20일 초판발행
2014년 8월 20일 초판2쇄발행

지은이 : 곽형심
펴낸이 : 이상태
펴낸곳 : 청구문화사
주 소 : 120-831 서울특별시 서대문구 성산로 11길 15
전 화 : 02-332-0541(代) FAX : 02-337-9577
등 록 : 1990년 11월 2일 제9-247호

가격 20,000원

ISBN 978-89-5616-286-7 93590